# Die
# Technik des Kühlschrankes

Einführung in die Kältetechnik für Käufer und
Verkäufer von Kühlschränken, Gas- und
Elektrizitätswerke, Architekten und
das Nahrungsmittelgewerbe

Von

## Obering. P. Scholl
Berlin

Mit 51 Abbildungen im Text

Zweite verbesserte Auflage

Berlin
Verlag von Julius Springer
1935

ISBN-13: 978-3-642-90372-4    e-ISBN-13: 978-3-642-92229-9
DOI: 10.1007/ 978-3-642-92229-9

Alle Rechte, insbesondere das
der Übersetzung in fremde Sprachen, vorbehalten.

# Vorwort zur zweiten Auflage.

Es gab bisher in der Kältetechnik kein Buch, das für den Laien geschrieben war. Alle Bücher setzten die physikalischen Grundlagen der Kältemaschinen und die Erfordernisse der Kühltechnik als bekannt voraus. Es gibt wohl ausgezeichnete Bücher über Kleinkältemaschinen, sie beschränken sich aber alle darauf, den Fachmann über den neuesten Stand dieses Gebietes zu unterrichten. Dagegen war der kaufmännisch oder technisch vorgebildete Laie kaum in der Lage, sich an Hand der Literatur in das Gebiet der Kältetechnik einzuarbeiten, weil nirgend in zusammenhängender Form unter Fortlassung aller abseits stehenden Fragen alle mit ihr verknüpften Probleme von Grund aus entwickelt und behandelt sind.

Diese Lücke möchte das vorliegende Buch ausfüllen. Es hat sich die Aufgabe gesetzt, allen denen, die sich beruflich mit Kühlschränken befassen müssen, die Kenntnisse zu vermitteln, die sie für ihre Aufgabe benötigen, ohne daß sie Vorkenntnisse für dieses Gebiet zu haben brauchen, und ohne daß sie mit überflüssigem Stoff belastet werden. Es entwickelt dabei nicht nur die physikalischen Grundlagen der Kältetechnik und die besonderen Ausführungsformen von Kühlschränken, sondern geht auch auf die allgemeinen Fragen der Kühlhaltung ein.

Dank dem freundlichen Entgegenkommen des Verlages konnte in die vorliegende zweite Auflage ein besonderes Kapitel über die elektrischen Antriebe der Kompressionskältemaschinen eingefügt werden.

Während die Kapitel über die allgemeinen Grundlagen der Kältetechnik ziemlich unverändert geblieben sind, erfuhr der Abschnitt über die praktische Durchbildung der Kühlschränke eine ziemliche Umänderung. Grundlegend neu sind entsprechend dem heutigen Stande der Technik die beiden letzten Kapitel über die speziellen Ausführungen der verschiedenen Kühlschrankfabrikate. Mehrfachen Wünschen entsprechend wurde auch die Bedeutung des Stromverbrauches für die Elektrizitätswerke behandelt.

Möge die vorliegende zweite Auflage die gleiche freundliche Beachtung finden wie die erste.

Berlin, im Januar 1935.

P. Scholl.

# Inhaltsverzeichnis.

                                                                      Seite

A. **Die physikalischen Grundlagen der Kältetechnik** .... 1
    I. Physikalische Grundbegriffe .............. 1
   II. Der erste Hauptsatz der Thermodynamik. ........ 3
  III. Die Grundlagen der Kälteerzeugung ........... 5
  IV. Die verschiedenen Arten der Kälteerzeugung ....... 7
   V. Der zweite Hauptsatz der Thermodynamik ........ 12
  VI. Die Wärmeübertragung ................ 14

B. **Die praktische Durchbildung der Kühlschränke** .... 17
  VII. Die Durchbildung der einzelnen Teile der Kompressorkältemaschinen .................... 17
 VIII. Die elektrischen Antriebe der Kompressorkältemaschinen . . 24
  IX. Die Eigenschaften der Kältemittel .......... 29
   X. Die Durchbildung der Absorptionskältemaschinen ..... 33
  XI. Die automatischen Regelvorrichtungen ........ 43

C. **Die allgemeinen Gesichtspunkte der Nahrungsmittelkühlung** ........................ 47
  XII. Luftfeuchtigkeit ................. 47
 XIII. Die für den Schrankbau maßgebenden Gesichtspunkte ... 50
 XIV. Die Bedingungen für günstige Lebensmittellagerung ... 53

D. **Besondere Ausführungsformen von Kühlschränken** ... 59
  XV. Einige spezielle Ausführungen von Kompressorkühlschränken 59
 XVI. Einige spezielle Ausführungen von Absorptionskühlschränken 68

Literaturverzeichnis ................... 74
Sachverzeichnis ..................... 75

# A. Die physikalischen Grundlagen der Kältetechnik.
## I. Physikalische Grundbegriffe.

Wärme und Kälte sind im physikalischen Sinne keine Gegensätze, sondern lediglich verschiedene Ausdrucksformen derselben Energie. Die Begriffe Wärme und Kälte sind bereits im allgemeinen Sprachgebrauch relativ. Wasser von 20° C empfindet und bezeichnet man beispielsweise als kalt, wenn der Körper vorher in warmem Wasser war, man empfindet es jedoch als warm, wenn der Körper vorher in kälterem Wasser war. Physikalisch bedeutet Kälte nichts anderes als ,,Abwesenheit von Wärme". Ja streng genommen spricht man in der Physik überhaupt nicht von Kälte, sondern von Wärme höherer oder tieferer Temperatur. Jeder Körper hat, auch wenn er sehr kalt ist, noch eine gewisse Wärmeenergie in sich. Erst beim absoluten Nullpunkt verschwindet die Wärmeenergie vollständig.

Um mit der Wärme rechnerisch umgehen zu können, muß man entsprechende Maße festsetzen, genau so, wie man Längenmaße, Körpermaße, Gewichtsmaße usw. hat. Die technische Einheit der Wärmeenergie ist nun eine Kalorie = 1 kcal. Dies ist die Wärmemenge, die notwendig ist, um 1 kg Wasser um 1 Grad zu erwärmen. Durch diese Größe kann man jede Wärmemenge eindeutig festlegen.

Stellt man durch Versuche fest, wieviel Wärme notwendig ist, um 1 kg Eisen oder 1 kg Blei oder 1 kg sonst eines Stoffes um 1° zu erwärmen, so findet man, daß hierzu eine geringere Wärmemenge notwendig ist als zum Erwärmen der gleichen Menge Wasser. Man nennt nun die Wärmemenge, die notwendig ist, um 1 kg irgendeines Stoffes um 1° zu erwärmen, seine spezifische Wärme. Diese ist für Eisen beispielsweise 0,115; die spezifische Wärme von Blei beträgt nur 0,03, d.h.: man kann mit 1 kcal 1 kg Blei um 33° oder 33 kg Blei um 1° erwärmen.

Aus dem vorher Gesagten geht hervor, daß die spezifische Wärme von Wasser = 1 gesetzt werden muß. Von wenigen Ausnahmen abgesehen, hat Wasser die größte spezifische Wärme von allen Stoffen.

## Die physikalischen Grundlagen der Kältetechnik.

Durch die Wärmemenge allein ist aber der Zustand eines Körpers noch nicht genügend definiert. Die zweite Größe, die notwendig ist, ist die Temperatur. Die Temperatur wird bekanntlich in Deutschland und fast allen übrigen Ländern durch Grad Celsius ausgedrückt. Bei der Temperaturskala nach Celsius ist der Gefrierpunkt von Wasser = 0°, und der Siedepunkt von Wasser bei normalem Atmosphärendruck = 100° gesetzt worden. Diese Skala wird dann nach oben und unten beliebig weit ausgedehnt. Bei der früher üblichen Skala nach Réaumur war der Gefrierpunkt von Wasser ebenfalls = 0° gesetzt worden, der Siedepunkt von Wasser jedoch = 80°. Um also Celsius-Grade in Réaumur umzurechnen, muß man mit $^4/_5$ multiplizieren. Umgekehrt muß man bei der Umrechnung von Réaumurgraden in Celsiusgrade mit $^5/_4$ multiplizieren.

In England und Amerika ist auch heute noch eine dritte Temperaturskala im allgemeinen Gebrauch, nämlich die nach Fahrenheit. Hier ist der Gefrierpunkt von Wasser = 32° gesetzt und der Siedepunkt von Wasser = 212°, so daß zwischen Gefrier- und Siedepunkt eine Differenz von 180° besteht. Man muß also die Celsiusgrade mit $^9/_5$ multiplizieren und dann noch 32° addieren, um die entsprechenden Grade Fahrenheit zu erhalten. Die folgende Tabelle gibt für das praktisch vorkommende Temperaturgebiet einen Vergleich zwischen den drei Temperaturskalen.

| Celsius | Réaumur | Fahrenheit | Celsius | Réaumur | Fahrenheit | Celsius | Réaumur | Fahrenheit |
|---|---|---|---|---|---|---|---|---|
| ° | ° | ° | ° | ° | ° | ° | ° | ° |
| —15 | —12 | + 5,0 | + 4 | + 3,2 | +39,2 | +23 | +18,4 | +73,4 |
| —14 | —11,2 | + 6,8 | 5 | 4,0 | 41,0 | 24 | 19,2 | 75,2 |
| —13 | —10,4 | + 8,6 | 6 | 4,8 | 42,8 | 25 | 20,0 | 77,0 |
| —12 | — 9,6 | +10,4 | 7 | 5,6 | 44,6 | 26 | 20,8 | 78,8 |
| —11 | — 8,8 | 12,2 | 8 | 6,4 | 46,4 | 27 | 21,6 | 80,6 |
| —10 | — 8,0 | 14,0 | 9 | 7,2 | 48,2 | 28 | 22,4 | 82,4 |
| — 9 | — 7,2 | 15,8 | 10 | 8,0 | 50,0 | 29 | 23,2 | 84,2 |
| — 8 | — 6,4 | 17,6 | 11 | 8,8 | 51,8 | 30 | 24,0 | 86,0 |
| — 7 | — 5,6 | 19,4 | 12 | 9,6 | 53,6 | 31 | 24,8 | 87,8 |
| — 6 | — 4,8 | 21,2 | 13 | 10,4 | 55,4 | 32 | 25,6 | 89,6 |
| — 5 | — 4,0 | 23,0 | 14 | 11,2 | 57,2 | 33 | 26,4 | 91,4 |
| — 4 | — 3,2 | 24,8 | 15 | 12,0 | 59,0 | 34 | 27,2 | 93,2 |
| — 3 | — 2,4 | 26,6 | 16 | 12,8 | 60,8 | 35 | 28,0 | 95,0 |
| — 2 | — 1,6 | 28,4 | 17 | 13,6 | 62,6 | 36 | 28,8 | 96,8 |
| — 1 | — 0,8 | 30,2 | 18 | 14,4 | 64,4 | 37 | 29,6 | 98,6 |
| ± 0 | 0 | 32,0 | 19 | 15,2 | 66,2 | 38 | 30,4 | 100,4 |
| + 1 | + 0,8 | +33,8 | 20 | 16,0 | 68,0 | 39 | 31,2 | 102,2 |
| 2 | 1,6 | 35,6 | 21 | 16,8 | 69,8 | 40 | 32,0 | 104,0 |
| 3 | 2,4 | 37,4 | 22 | 17,6 | 71,6 | | | |

Heute hat man fast allgemein die Celsiusskala angenommen. Auch in England und Amerika beginnt man in der Wissenschaft und Technik mehr und mehr die Celsiusskala zu verwenden, und im folgenden soll nur noch von ihr die Rede sein.

Die Temperatur in Grad Celsius gibt also an, wieviel Grad ein Körper über oder unter dem Gefrierpunkt von Wasser liegt. Die Temperatur kann somit positiv oder negativ sein. Die physikalische Forschung steht nun auf Grund theoretischer Überlegungen und praktischer Versuchsergebnisse auf dem Standpunkt, daß es einen absoluten Nullpunkt gibt, dessen Temperatur mit keinem Mittel unterschritten werden kann. Bei dieser Temperatur sind alle Stoffe fest, auch Luft und andere noch schwerer verflüssigbare Gase. Dieser absolute Nullpunkt liegt bei —273°C.

Es ist nun für viele Zwecke der Physik vorteilhaft, wenn man die Temperatur von diesem absoluten Nullpunkt aus zählt. Dann liegt also der Gefrierpunkt von Wasser bei 273° und der Siedepunkt von Wasser bei 373°. Um stets sicher zu unterscheiden, welche Temperatur gemeint ist, bezeichnet man die absolute Temperatur mit $T$ und die gewöhnliche, relative Temperatur mit $t$. Es ist also

$$T = t + 273°.$$

## II. Der erste Hauptsatz der Thermodynamik[1].

Außer der Wärmeenergie gibt es noch eine Reihe anderer Energieformen, z. B. mechanische, elektrische, chemische Energie usw. Alle diese Energien werden in verschiedenen Maßen gemessen. Um sie miteinander vergleichen und ineinander umrechnen zu können, muß man untersuchen, ob, wieweit und in welchem Verhältnis sie sich untereinander umwandeln lassen. Nun gilt als oberstes Gesetz, daß keinerlei Energie aus nichts erzeugt werden kann und daß keine Energie verloren gehen kann. Es kann wohl mechanische Energie in elektrische und Wärmeenergie umgewandelt werden, oder umgekehrt, kurz es ist eine theoretisch unbeschränkte Umwandlungsmöglichkeit von einer Energieform in die andere vorhanden; niemals aber kann dabei Energie aus dem Nichts entstehen, bzw. verloren gehen. Interessant ist jedoch dabei, daß bei fast allen Umwandlungen ein Teil der Energie sich in Wärme umsetzt, die vielfach schwierig oder gar nicht in eine andere Energie zurückzuverwandeln ist.

Die bekannteste Einheit der mechanischen Energie ist die Pferdestärke oder kurz 1 PS. Die bekannteste Einheit der elektrischen Energie ist das Kilowatt kW. Bekanntlich ist 1 PS = 0,736 kW oder 1 kW = 1,36 PS. Die beiden eben genannten Größen stellen allerdings nach der strengen Auffassung der Physik

---

[1] Thermodynamik ist die Lehre von der Wechselwirkung zwischen Arbeit und Wärme.

nicht eine Energie, sondern eine Leistung dar. Um Energie, d. h. Arbeit zu erhalten, müssen sie noch mit der Zeit multipliziert werden. Wenn die Kraft von 1 PS eine Stunde lang gewirkt hat, so ist eine PS-Stunde (PSh) geleistet, ebenso spricht man von 1 kW-Stunde (kWh). Für diese Werte gelten natürlich die gleichen Verhältniszahlen, wie oben, d. h. 1 PSh = 0,736 kWh oder 1 kWh = 1,36 PSh.

Durch ausführliche Versuche und theoretische Überlegungen, die hier nicht näher angeführt werden können, sind nun die Verhältniszahlen zwischen mechanischer und elektrischer Energie einerseits und der Wärmeenergie andererseits festgestellt worden. Dabei hat sich ergeben, daß

1 PSh gleichwertig mit 632 kcal und dementsprechend
1 kWh    „         „   860 kcal sind.

Dies soll an einigen Beispielen veranschaulicht werden. Um 1 l Wasser = 1 kg Wasser von 14° aus zum Kochen zu bringen, d. h. um 86° zu erwärmen, sind nach Kap. I 86 kcal erforderlich. Um 10 l Wasser zum Kochen zu bringen, dementsprechend 860 kcal. Unter der Annahme, daß keine Wärmeverluste durch Abstrahlung entstehen, kann man also mit 1 kWh 10 l Wasser zum Kochen bringen. Praktisch verringert sich diese Zahl natürlich infolge der nicht zu vermeidenden Wärmeausstrahlung auf etwa 7—8 l.

Als weiteres Beispiel sei ein Elektromotor mit einer Leistung von 10 PS erwähnt. Es sei angenommen, daß dieser Motor einen Wirkungsgrad von 80% hat; d. h. 8 PS werden nutzbar in mechaniche Energie umgewandelt, während 2 PS in Wärme umgewandelt werden und damit für die praktische Ausnutzung verloren gehen. Dieser Motor entwickelt in einer Stunde eine Wärmemenge von 2 · 632 kcal = 1264 kcal. Diese Wärmemenge wird bei einem luftgekühlten Motor vollständig von der Luft aufgenommen und bedingt eine entsprechende Temperaturerhöhung derselben.

Diese Verhältniszahlen sind unabänderliche Größen. Überall können wir beobachten, wie mechanische und elektrische Energie in Wärme umgewandelt werden. Stets sind hierfür die oben genannten Verhältniszahlen maßgebend. Man nennt die Zahlen daher das mechanische Wärmeäquivalent und den Satz von der Äquivalenz von Wärme und mechanischer Energie den ersten Hauptsatz der Thermodynamik.

Eine scheinbare Ausnahme von diesem Satz ergibt sich bei dem umgekehrten Prozeß, nämlich bei der Umwandlung von Wärme in mechanische Arbeit. Erzeugt man mit der Verbrennungswärme von Kohle Wasserdampf und mit diesem Dampf in einer Dampfmaschine oder Turbine mechanische

Die Grundlagen der Kälteerzeugung.

oder elektrische Energie, so ist es niemals möglich, den vollen Betrag der aufgewendeten Wärmeenergie in eine andere Energieform umzuwandeln. Es kann immer nur ein gewisser Teil der Wärme in eine andere Energieform übergeführt werden. Der Rest der aufgewendeten Wärmeenergie wird eben wieder als Wärme abgeführt. Wie gesagt, ist dieser Vorgang nur eine scheinbare Ausnahme, denn es geht auch hierbei keine Energie verloren. Der nicht in eine andere Energieform umgewandelte Teil der Wärmeenergie bleibt eben Wärme. Ausführlich wird diese Erscheinung noch in einem der nächsten Kapitel behandelt werden.

### III. Die Grundlagen der Kälteerzeugung.

Nach dem vorher Gesagten können wir folgendermaßen definieren: Die Kälteerzeugung besteht darin, daß einem Körper Wärme entzogen wird. Dies gilt jedoch mit einer wichtigen Einschränkung: Wenn ein heißer Körper sich auf die Temperatur der Umgebung abkühlt, so ist das keine Kälteerzeugung; denn dieser Vorgang tritt ja von selbst ein. Unter Kälteerzeugung verstehen wir nur Entziehung von Wärme bei einer Temperatur, die tiefer ist, als die der Umgebung.

Einer der günstigsten physikalischen Prozesse, um bei beliebigen, vorher festgesetzten Temperaturen Wärme zu entziehen, d. h. Wärme zu binden, ist die Verdampfung von Flüssigkeiten. Jedermann weiß, daß beispielsweise zur Verdampfung von Wasser große Wärmemengen erforderlich sind. Es ist leicht, 1 l Wasser zum Kochen zu bringen. Will man aber dieses Liter Wasser vollständig verdampfen, so dauert das bekanntlich noch sehr lange, d. h. es werden große Wärmemengen dazu benötigt. Beispielsweise sind, um 1 kg Wasser bei $100^0$ zu verdampfen, 539 kcal erforderlich. Diese Zahl nennt man die Verdampfungswärme; sie ist für jede Flüssigkeit verschieden groß. Bei Wasser beträgt sie über 5mal soviel, wie notwendig wäre, um das Wasser von $0^0$ auf $100^0$ zu bringen.

Nun kann man Wasser aber nicht nur bei $100^0$ verdampfen, sondern auch bei beliebigen anderen Temperaturen. Im Dampfkessel eines Kraftwerkes wird es beispielsweise zwischen $200^0$ und $300^0$ verdampft, allerdings dann unter entsprechend höherem Drucke. Der normale Druck, der in unserer Umgebung herrscht, wird bekanntlich mit 1 at (Atmosphäre) bezeichnet. Das entspricht einem Druck von 1 kg pro $cm^2$. Der Druck, der in einem Dampfkessel herrscht, ist außerordentlich viel höher und schwankt etwa zwischen 10 und 40 at, ist teilweise sogar noch höher.

Umgekehrt kann man Wasser auch bei niedrigeren Temperaturen als $100^0$ verdampfen. Man muß nur dann den Druck entsprechend geringer machen als 1 at. Bekannt ist, daß auf hohen

Bergen das Wasser schon bei 90° oder noch weniger siedet. Das kommt daher, weil der Luftdruck hier schon viel geringer ist als 1 at. Man kann Wasser aber auch ebenso gut bei 20° verdampfen, d. h. bei 20° zum Sieden bringen. Man muß aber dann schon mit dem Druck bis auf 0,02 at heruntergehen. Ebenso kann man bei 0° und unter 0° verdampfen und auch Eis läßt sich direkt in Wasserdampf überführen. Daraus folgt, daß die Siedetemperatur um so geringer ist, je geringer der Druck ist und umgekehrt. Jedem Werte des Druckes entspricht eine ganz bestimmte Siedetemperatur.

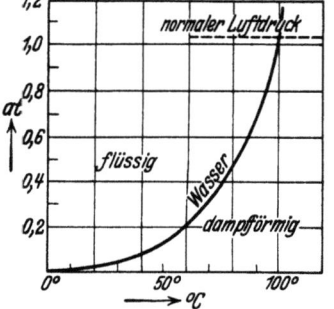

Abb. 1. Dampfdruckkurve von Wasser.

In der Abb. 1 ist beispielsweise die Siedekurve für Wasser im Bereich zwischen 0° und 100° dargestellt. Man erkennt daraus ohne weiteres den oben geschilderten Verlauf. Alles, was über dieser Kurve liegt, entspricht dem flüssigen Zustand und alles, was unter der Kurve liegt, dem dampfförmigen. Setzt man beispielsweise Wasser bei einer Temperatur von 60° einem Druck von 0,1 at aus, so liegt dieser Punkt in dem Bereich unterhalb der Siedekurve, d. h. das gesamte Wasser hat die Neigung, in Dampf überzugehen. Erhöht man dagegen den Druck auf 0,3 at, so liegt dieser Punkt oberhalb der Siedekurve, d. h. der gesamte Wasserdampf hat die Neigung, wieder in den flüssigen Zustand überzugehen, zu kondensieren. Die Siedepunktskurve ist daher die Grenzkurve zwischen dem flüssigen und dampfförmigen Zustand. Man bezeichnet sie auch allgemein als Dampfdruckkurve.

Im Prinzip kann man mit jeder Flüssigkeit Kälte erzeugen, und zwar dadurch, daß man sie durch richtige Bemessung des Druckes bei der gewünschten Temperatur verdampfen läßt. Für die praktische Durchbildung einer Kältemaschine kommen aber noch andere Gesichtspunkte in Frage, die beispielsweise Wasser für Haushaltkältemaschinen als wenig geeignet erscheinen lassen. Man wendet daher in der Kältetechnik andere Stoffe an, z. B. Ammoniak, Schwefeldioxyd, Methylchlorid, Äthylchlorid, Kohlensäure u. a.

Die Dampfdruckkurven dieser Stoffe verlaufen im Prinzip ganz ähnlich wie die von Wasser. Lediglich liegen die Siedepunkte erheblich niedriger. In Abb. 2 sind beispielsweise die Dampfdruckkurven einiger Kältemittel gezeigt. Spricht man vom Siedepunkt einer Flüssigkeit schlechthin, so versteht man darunter den Siedepunkt bei einem Druck von 1 at. So liegt der Siedepunkt von Ammoniak bei $-33^0$, von Methylchlorid bei $-24^0$, von Äthylchlorid bei $+12^0$, von Schwefeldioxyd bei $-10^0$ usw. Man erkennt aus diesen Kurven folgendes:

Um beispielsweise Ammoniak bei $-10^0$ verdampfen zu können, dürfen wir höchstens einen Druck von 3 at haben; um es bei $0^0$ verdampfen zu können, dürfen wir höchstens einen Druck von 4,3 at haben. Umgekehrt müssen wir, um Ammoniakdampf bei $+10^0$ kondensieren zu können, mindestens einen Druck von 6,3 at haben; um es bei $+30^0$ kondensieren zu können, müssen wir mindestens einen Druck von 12 at haben usw.

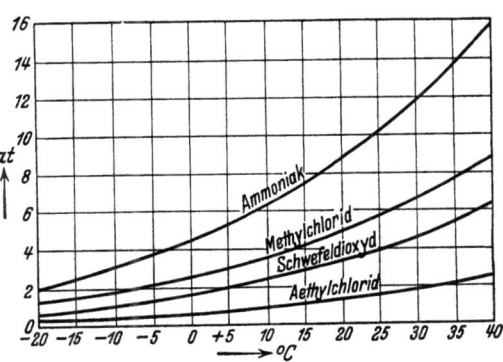

Abb. 2. Dampfdruckkurven verschiedener Kältemittel.

Man kann also stets durch eine richtige Bemessung des Druckes eine Flüssigkeit bei jeder gewünschten Temperatur verdampfen lassen und damit Kälte erzeugen. Wie groß dieser Druck höchstens sein darf, lehrt unmittelbar ein Blick auf die Dampfdruckkurve.

### IV. Die verschiedenen Arten der Kälteerzeugung.

Eine Flüssigkeit braucht also Wärme, um zu verdampfen. Sorgt man dafür, daß der Druck über der Flüssigkeit genügend niedrig ist, so beginnt die Verdampfung von selbst, und die hierzu notwendige Wärme wird der Umgebung entzogen, d. h. die Umgebung wird gekühlt. Die einfachste Art der Kälteerzeugung ist die, daß man Wasser verdunsten läßt. Unter Verdunstung versteht man dabei eine durch Anwesenheit anderer Gase verzögerte Verdampfung. Bekannt ist, daß sich Wasser in porösen Tonkrügen besonders kühl hält. Das kommt daher, daß das Wasser durch die Wand hindurch den Tonkrug durchsetzt und an der Außenfläche verdunstet. Sehr verbreitet sind beispielsweise die nach diesem System gebauten Butterkühler.

Man kann ein Gefäß auch dadurch kühlen, daß man es mit sehr feuchten Tüchern umhüllt und der Zugluft oder einem Ventilator aussetzt. Dem Laien kann man die Kälteerzeugung durch Verdampfung einer Flüssigkeit am besten dadurch deutlich machen, daß man darauf hinweist, daß der menschliche Körper, wenn er naß ist, ein recht intensives Kältegefühl erfährt. Besonders stark ist die Kältewirkung dann, wenn man anstatt Wasser eine andere leichter verdunstende Flüssigkeit nimmt, wie z. B. Äther. Die örtliche Betäubung durch Äther oder Chloräthyl beruht ja hauptsächlich darauf, daß die Nerven durch die große Kältewirkung unempfindlich gemacht werden.

Die Kühlung durch verdunstendes Wasser ist jedoch für eine systematische Kühlhaltung von Lebensmitteln nicht ausreichend. Aus einem später noch näher zu erläuternden Grunde erreicht man damit nur verhältnismäßig geringe Temperaturabsenkungen.

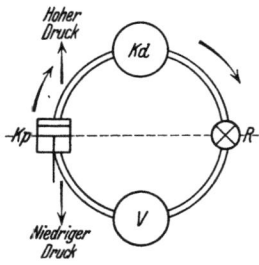

Abb. 3. Vereinfachtes Schema einer Kompressionskältemaschine.

Die geringsten Betriebskosten verursacht eine Kälteanlage dann, wenn das verdampfte Kältemittel wieder zurückgewonnen werden kann. Erst dieses Prinzip hat die moderne Kältemaschinentechnik überhaupt möglich gemacht. Das Kältemittel wieder zurückgewinnen heißt, es an einer anderen Stelle wieder kondensieren, d. h. das verdampfte Kältemittel wieder zu Flüssigkeit verdichten.

Ein vereinfachtes Schema einer derartigen Kältemaschine zeigt Abb. 3. Hier bedeutet $V$ den Verdampfer und $Kd$ den Kondensator. Dazwischen liegt ein Kompressor $Kp$, der die Aufgabe hat, das bei niedrigem Druck verdampfte Kältemittel auf den hohen Druck zu bringen, bei dem es im Kondensator wieder kondensieren kann. Das flüssige Kältemittel fließt dann über $R$ wieder dem Verdampfer zu. $R$ ist ein sog. Reduzierventil und hat die Aufgabe, die unter hohem Druck stehende Flüssigkeit wieder auf den niedrigen Verdampferdruck zu entspannen. Man nennt eine derartige Anlage eine Kompressionskältemaschine.

Die Wärme, die das flüssige Kältemittel zum Verdampfen braucht, nimmt es der nächsten Umgebung fort, d. h. es wird zunächst einmal das noch flüssige Kältemittel selbst heruntergekühlt, dann die Wandung des Verdampfers, dann die Luft, die außen am Verdampfer vorbei streicht usw. Der Raum, der gekühlt werden soll, wird durch Wände mit schlecht wärmeleitenden Stoffen von der Umgebung getrennt. Der Verdampfer muß also stets im Kühlraum liegen oder wenigstens mit dem Kühlraum in wärmeleitender Verbindung stehen. Naturgemäß ist die Wärmeisolation des Kühlraumes nicht vollständig, d. h. es dringt durch

## Die verschiedenen Arten der Kälteerzeugung.

die Wände dauernd eine gewisse Wärmemenge ein. Außerdem wird durch das Kühlgut, d. h. durch die in den Kühlraum eingebrachten Lebensmittel Wärme in den Kühlraum hineingebracht. Alle diese Wärme wird dem Verdampfer zugeführt und durch das verdampfende Kältemittel aus dem Kühlschrank herausgeschafft.

Bei der Kondensation von Dampf wird umgekehrt wie bei der Verdampfung eine gewisse Wärmemenge, die sog. Kondensationswärme, frei, und zwar ist diese Kondensationswärme bei gleicher Temperatur genau so groß wie die Verdampfungswärme. Wird also 1 kg Wasserdampf bei $100^0$ kondensiert, so werden dabei auch 539 kcal frei. Soll nun im Kondensator einer Kältemaschine dauernd eine bestimmte Menge kondensiert werden, so muß die Kondensationswärme abgeführt werden, denn sonst würde dieselbe eine Temperaturerhöhung verursachen, und dann könnte bei gleichem Druck der Dampf nicht mehr kondensiert werden, sondern nur noch bei höherem. Es ergibt sich also die Notwendigkeit, den Kondensator zu kühlen. Dies macht man entweder durch fließendes Wasser oder durch Luft. Da die Temperatur dieser Medien wesentlich höher liegt als die Verdampfertemperatur, muß auch der Druck im Kondensator entsprechend höher liegen als im Verdampfer.

Man kann die Wirkung einer Kältemaschine auch so erklären, daß man sagt: Die mit Hilfe des Verdampfers aus dem Kühlraum herausgeholte Wärmemenge muß mit Hilfe des Kondensators wegbefördert werden. Als Zwischenträger dient das Kältemittel. Um den Prozeß stetig weiterlaufen zu lassen, muß man dauernd Energie in das System hineinstecken.

Bei der soeben beschriebenen Kompressionskältemaschine wird diese Energie in Form von mechanischer, bzw. elektrischer Energie dem Kompressor zugeführt. Das Kältemittel durchläuft dabei einen geschlossenen Kreislauf, ohne verbraucht zu werden.

Eine weitere Möglichkeit der künstlichen Kühlung bietet die Absorptionskältemaschine. Bei dieser wird die notwendige Energie nicht als mechanische Energie, sondern im wesentlichen als Wärmeenergie zugeführt. Man unterscheidet zwei verschiedene Bauweisen nämlich die kontinuierliche und die periodische. Zunächst sei die kontinuierliche beschrieben.

Ein vereinfachtes Schema sieht man in Abb. 4. Man sieht dort ebenso wie bei der Kompressionskältemaschine in Abb. 3 den Kondensator $Kd$, das Reduzierventil $R$ und den Verdampfer $V$. Man benutzt für diese Art Maschinen meist Ammoniak. Anstatt nun das verdampfte Ammoniak von einem Kompressor ansaugen zu lassen, führt man es in den sog. Absorber $A$; das ist ein mit Wasser gefülltes Zwischengefäß. Das Ammoniak wird von dem Wasser begierig aufgesogen und die Wasser-Ammoniaklösung wird nun durch eine Pumpe P in den Kocher K gefördert. Dieser Kocher wird geheizt und durch Anwendung von Wärme wird das Ammoniak aus dem Wasser wieder ausgetrieben. Das dampfförmige Ammoniak geht dann in den Kondensator und führt den oben bereits beschriebenen Kreislauf zu Ende. Die im Kocher von Ammoniak weitgehend befreite Lösung, die sog. arme Lösung, geht nun über ein weiteres Reduzierventil $R_1$ wieder in den Absorber zurück, um sich von neuem mit Ammoniak anzureichern. Die Lösung beschreibt also zwischen dem Kocher und dem Absorber einen dauernden Kreislauf.

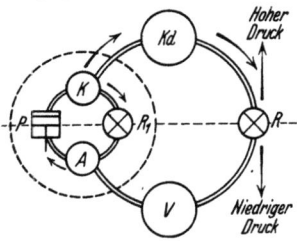

Abb. 4. Vereinfachtes Schema einer kontinuierlich arbeitenden Absorptionskältemaschine.

Man kann das System Kocher-Absorber einschl. Pumpe und Reduzierventil auch einen thermischen Kompressor nennen. Es ist in der Abb. 4 durch eine gestrichelte Kreislinie eingerahmt. Beim Eintritt in dieses System hat das Kältemittel den geringen Verdampferdruck, beim Austritt den hohen Kondensatordruck. Kocher und Kondensator haben denselben, nämlich den hohen Druck, und Absorber und Verdampfer haben gleichfalls denselben, aber niedrigen Druck. Das Gebiet des hohen Druckes ist in Abb. 3 und 4 durch die horizontale, gestrichelte Linie von dem Gebiet des niedrigen Druckes getrennt.

Die für die Pumpe notwendige mechanische Energie ist außerordentlich gering. Sie beträgt nur wenige Prozente der Energie, die der Kompressor einer gleichgroßen Kompressionskältemaschine verlangt. Alle übrige Energie wird in Form von Wärme zugeführt. Diese Maschinen sind besonders dort von Vorteil, wo billige Wärmequellen zur Verfügung stehen, beispielsweise Abdampf, Abgase o. ä. In dieser Form haben sie jedoch nur für größere Anlagen Verbreitung gefunden.

Für einen Haushaltkühlschrank ist eine kontinuierliche Kältemaschine der eben beschriebenen Bauart zu kompliziert und teuer; denn man braucht dazu eine mechanisch betriebene Pumpe, zwei Reduzierventile usw. Sie wäre also nicht einfacher als eine Kompressionskältemaschine. Eine kontinuierliche Absorptionskältemaschine für Kühlschränke, die Pumpen und Ventile vermeidet, wird später noch beschrieben.

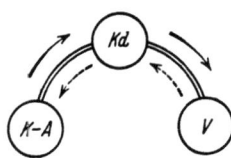

Abb. 5. Vereinfachtes Schema einer periodisch arbeitenden Absorptionskältemaschine.

Man kann aber für den Haushaltkühlschrank das Aggregat noch erheblich einfacher bauen und zwar nach Abb. 5 als periodische Maschine. Hier bedeutet K—A den Kocher und Absorber. Kd ist der Kondensator und V der Verdampfer. Der Betrieb geht in der Weise vor sich, daß der Kocher, der ebenfalls eine Ammoniaklösung enthält, geheizt wird und die aus der Lösung ausgetriebenen Ammoniakdämpfe im Kondensator bei hohem Druck kondensiert werden. Das kondensierte Ammoniak läuft dann in den Verdampfer und speichert sich dort auf. (Richtung des ausgezogenen Pfeiles.)

## Die verschiedenen Arten der Kälteerzeugung. 11

Ist aus dem Kocher genügend Ammoniak ausgedampft, dann stellt man die Heizung ab und läßt den Kocher abkühlen. Wenn derselbe genügend abgekühlt und damit der Druck wieder genügend niedrig geworden ist, ist der Kocher in der Lage, von neuem Ammoniakdampf zu absorbieren. Das im Verdampfer angesammelte Ammoniak verdampft also und wird vom Absorber absorbiert, wobei Druck und Temperatur allmählich sinken. (Richtung des gestrichelten Pfeiles.) Dieser Vorgang geht solange, bis alles Ammoniak verdampft ist und der Kochprozeß von neuem eingeleitet wird.

Man erkennt daraus, daß sich hier stets eine Heiz- und eine Kühlperiode abwechseln. Die Heizperiode dauert je nach der Bemessung des Aggregates 1—4 Stunden, die Kühlung entsprechend 6—20 Stunden. Man ersieht aus der Abb. 5, daß der Aufbau dieser Maschine außerordentlich einfach ist, daß beispielsweise Ventile und bewegte Teile ganz vermieden sind. Für die ältere Wasser-Ammoniakmaschine kommen bei der praktischen Ausführung allerdings noch verschiedene Teile dazu; vor allem die Kühlung des Kondensators und Absorbers durch Kühlwasser. Während der Heizperiode muß der Kondensator gekühlt und während der Kühlperiode der Absorber gekühlt werden. Das Kühlwasser muß also nach jeder Periode umgeleitet werden. Man ersieht hieraus bereits, daß ein voll-automatischer Betrieb ziemliche Schwierigkeiten bietet. Neue Ausführungen vermeiden das Kühlwasser und sind infolgedessen von großer Einfachheit. Auf die Einzelkonstruktionen wird später noch besonders eingegangen werden.

Der Vollständigkeit halber seien noch andere Methoden der Kälteerzeugung erwähnt. Die verbreitetste Kühlung ist heutzutage noch die Kühlung durch Eis. 1 kg Eis verbraucht zum Schmelzen 80 kcal. Man kann also mit Eis ziemlich kräftige Kühlwirkungen erzielen. Allerdings ist die Kühlhaltung stets abhängig von der rechtzeitigen Eisanlieferung und die erreichten Temperaturen sind meist nicht so niedrig wie im elektrischen Kühlschrank.

Statt des gewöhnlichen Eises verwendet man in letzter Zeit auch Kohlensäureeis. Dies ist nichts anderes als gefrorene Kohlensäure. Sie hat eine Temperatur von etwa $-80^0$. Das besondere beim Kohlensäureeis ist, daß es nicht schmilzt, also in den flüssigen Zustand übergeht, sondern direkt verdampft, d. h. also, daß es vom festen sofort in den dampfförmigen Zustand übergeht. Dies ist für viele Zwecke ein erheblicher Vorteil, vor allem für den Transport leicht verderblicher Lebensmittel. Ein weiterer Vorteil gegenüber dem gewöhnlichen Eis ist die tiefere Temperatur, die es vor allem gestattet, Kristall- und Speiseeis für Genußzwecke herzustellen. 1 kg Kohlensäureeis benötigt zum Verdampfen etwa 150 kcal, so daß also pro Kilogramm mehr Kälteleistung aufgespeichert werden kann als beim gewöhnlichen Eis. Der Preis des Kohlensäureeises ist allerdings auf die gleiche Kälteleistung bezogen etwa 3mal so hoch wie der des Wassereises, so daß seine Verwendung vorläufig auf Spezialzwecke beschränkt bleiben wird.

Mit der Kühlung durch Eis sind wir zu den sog. Verschleißprozessen gekommen, d. h. der Stoff, der einmal Kälte geleistet hat, wird verbraucht und nicht wieder zurückgewonnen. Hier ist außerdem der Vollständigkeit halber zu erwähnen die Verdampfung von alkoholähnlichen Flüssigkeiten. Die Anordnung wird dabei beispielsweise so getroffen, daß durch eine kleine Wasserstrahlpumpe in dem Verdampfungsgefäß ein bestimmter Unterdruck erzeugt wird, bei dem das Kältemittel verdampfen kann. Die Dämpfe werden von der Wasserstrahlpumpe angesaugt und mit dem Wasser zusammen fortgeleitet. Doch hat sich diese Methode der Kälteerzeugung praktisch nicht durchsetzen können, weil eben die Betriebskosten zu hoch werden. Bei der Verdampfung von 1 kg Alkohol o. ä. gewinnt man etwa 200 kcal. Dies ist im Verhältnis zu den hohen Kosten des Kältemittels sehr wenig.

Kälte dadurch zu erzeugen, daß man Wasser in die Atmosphäre hinein verdunsten läßt, scheitert leider daran, daß die erreichbaren Temperaturen nicht tief genug sind, weil in der Luft stets schon Wasserdampf vorhanden ist und dessen Druck so hoch ist, daß keine tieferen Temperaturen möglich sind. Bei feuchter Luft versagt diese Methode der Kühlhaltung vollständig.

Eine weitere Art der Kälteerzeugung stellen die sog. Kältemischungen dar. Mischt man beispielsweise Wasser oder Schnee mit verschiedenen Salzen oder Säuren, so erreicht man unter Umständen recht erhebliche Temperaturabsenkungen, die unter $0°$ führen. Am bekanntesten ist die Mischung von Schnee oder Eis mit Kochsalz, bei der man eine Temperatur von etwa $-20°$ erreicht. Diese Methode wird ja hauptsächlich zur Speiseeiserzeugung in den Haushalteismaschinen angewendet. Abgesehen aber von diesen Sonderzwecken haben alle diese Kältemischungen für die Kühlung von Schränken keinerlei Verwendung gefunden, hauptsächlich deshalb, weil dieses Verfahren auf die Dauer zu teuer und vor allem zu umständlich wird.

## V. Der zweite Hauptsatz der Thermodynamik.

Es ist vorher bereits betont worden, daß bei der Umwandlung von Wärme in eine andere Energieform, z. B. mechanische oder elektrische Energie, nicht die gesamte Wärmemenge umgewandelt werden kann. Ein Teil der Wärme muß wieder als Wärme bei tiefer Temperatur abgeführt werden. Der umwandelbare Teil ist nun um so größer, je größer die Temperaturspanne zwischen dem warmen Körper und der Umgebung ist. Ein Beispiel möge dies veranschaulichen: In eine Dampfmaschine werde Dampf von $200°$ eingeführt. Dieser Dampf werde dann bis auf $100°$ abgekühlt und ins Freie ausgestoßen. Die Temperaturdifferenz, die also zur Energieerzeugung ausgenutzt wird, beträgt $100°$.

Der Teil, der höchstens in mechanische Energie umgewandelt werden kann, beträgt nach den Gesetzen der Physik

$$\frac{T_1 - T_2}{T_1}$$ von der Gesamtenergie.

Hierin ist $T_1$ die hohe Temperatur, bei der die Wärme zugeführt wird und $T_2$ die niedrige Temperatur, bei der die Wärme abgeführt wird. Wir wollen diesen Wert einmal für das oben gegebene Beispiel ausrechnen. $T$ ist bekanntlich die absolute Temperatur, die sich ergibt, wenn man zu der gewöhnlichen Temperatur $273°$ addiert. Es wird also

$$\frac{T_1 - T_2}{T_1} = \frac{473 - 373}{473} = 0{,}212,$$

d. h. also, bei einer derartigen Maschine lassen sich höchstens 21,2% der gesamten Wärmeenergie in mechanische Energie umwandeln. In Wirklichkeit ist diese Zahl infolge der verschiedenen Verluste noch erheblich kleiner.

Der zweite Hauptsatz der Thermodynamik.

Der Wert $\frac{T_1 - T_2}{T_1}$ ist immer kleiner als 1. Man ersieht aber daraus, daß es günstig ist, mit sehr hohen Temperaturdifferenzen zu arbeiten. Daher kommt es, daß man bei allen Dampfkraftmaschinen nach sehr hohen Anfangstemperaturen und damit sehr hohen Anfangsdrücken strebt. Denn der Druck ist bekanntlich um so höher, je höher die Temperatur ist. Eine moderne Dampfkraftanlage arbeitet beispielsweise mit ca. 30 at Anfangsdruck, d. h. etwa 240°. Die untere Temperatur, bei der die Wärme wieder abgeführt wird, beträgt etwa 40°. Damit ergibt sich als maximaler Ausnutzungsfaktor $\frac{513 - 313}{513} = 0{,}39$. Der praktisch erreichte Ausnutzungsfaktor ist natürlich noch kleiner. Er beträgt nur etwa 0,2.

Den Faktor $\frac{T_1 - T_2}{T_1}$ nennt man auch den thermischen Wirkungsgrad. Die hierdurch beschränkte Umwandlungsfähigkeit von Wärme in mechanische Arbeit bildet den Inhalt des 2. Hauptsatzes der Thermodynamik.

Man sieht auch daraus, daß es sich nicht lohnt, kleine Temperaturunterschiede zur Krafterzeugung auszunutzen, weil der Energiegewinn im Verhältnis zu den hohen Anlagekosten nur außerordentlich klein wäre.

Bei der Kälteerzeugung handelt es sich um den umgekehrten Vorgang. Es wird dabei mechanische Energie aufgewendet, um Wärme zu erzeugen, d. h. streng genommen, um Wärme bei einer tieferen Temperatur aufzunehmen und bei höherer Temperatur wieder abzuführen. Dementsprechend ist der Wirkungsgrad umgekehrt zu definieren. Man bezeichnet ihn hier als Leistungsziffer. Diese beträgt (dies gilt zunächst nur für Kompressionskältemaschinen) $\frac{T_0}{T_1 - T_0}$. Hierin bedeutet $T_0$ die Temperatur, bei der die Wärme entzogen, d. h. bei der die Kälte geleistet wird und $T_1$ die Temperatur, bei der die Wärme wieder abgeführt wird; oder man kann auch sagen: $T_0$ ist die Temperatur im Verdampfer und $T_1$ die Temperatur im Kondensator. Ein Beispiel möge dies veranschaulichen.

Verdampfertemperatur —10°, Kondensatortemperatur +20°. Dann ergibt sich $\frac{263}{293 - 263} = 8{,}75$. Es können also 8,75 kcal Kälte mit 1 kcal Arbeit erzeugt werden. Man sieht also, daß die theoretische Leistungsziffer bei einer Kältemaschine stets höher ist als 1, wenigstens in dem für Kühlschränke in Frage kommenden Temperaturbereich. Man sieht ferner, daß die Leistungsziffer um so höher ist, je geringer die Temperaturdifferenz zwischen Verdampfer und Kondensator ist, und umgekehrt. Daraus folgt die für die gesamte Kältetechnik überaus wichtige Tatsache, daß die Leistungsziffer einer Kälteanlage um so höher ist, je geringer die Temperaturdifferenz zwischen Verdampfer und Kondensator ist und umgekehrt. Diese Tatsache muß man sich stets vor Augen halten.

Wenn die eben berechnete Leistungsziffer einer Kälteanlage zu 8,75 ermittelt wurde, so ist dies natürlich nur ein theoretischer Wert. Die praktisch erreichten Werte sind erheblich geringer. So erreicht man beispielsweise bei einer großen Kälteanlage mit Wasserkühlung eine Leistungsziffer von etwa 6, d. h. man kann mit 1 PSh etwa 6 · 632 kcal = ungefähr 4000 kcal Kälte leisten. Bei kleineren Anlagen beträgt die Leistungsziffer nur etwa 2—3, bei wassergekühlten Haushaltschränken 1 oder etwas mehr und bei luftgekühlten Haushaltschränken geht die Leistungsziffer sogar unter 1 bis auf etwa 0,5 herunter.

Dies gilt zunächst nur für Kompressionskältemaschinen. Bei Absorptionskältemaschinen wird ja nicht mechanische Arbeit zur Kälteerzeugung verwendet, sondern Wärme. Wärme ist aber, wie wir vorher gesehen haben, nur zu einem verhältnismäßig kleinen Teil in andere Energieformen umzuwandeln. Dies gilt auch bei der Umwandlung von Wärme in Kälteenergie, um diesen nicht ganz korrekten Ausdruck einmal zu gebrauchen. Man muß also bei Absorptionsmaschinen die zuletzt genannte Leistungsziffer noch mit dem weiter oben genannten thermischen Wirkungsgrad, der immer unter 1 liegt, multiplizieren.

Der Inhalt des 2. Hauptsatzes noch einmal kurz zusammengefaßt ist folgender:

Die Umwandlung von Wärme in eine andere Energieform ist nur zu einem kleinen Teil möglich. Der thermische Wirkungsgrad, d. h. die Verhältniszahl liegt weit unter 1. Er ist um so kleiner, je kleiner die ausgenutzte Temperaturdifferenz ist.

Bei der Anwendung von mechanischer Energie zur Kälteerzeugung ist die Leistungsziffer allgemein größer als 1. Sie ist um so größer, je kleiner die Temperaturdifferenz ist.

Das ist kein Widerspruch mit dem Gesetz von der Erhaltung der Energie; denn die Wärme wird gewissermaßen nicht neu erzeugt, sondern nur von einer niederen Temperatur auf eine höhere Temperatur gehoben. Man kann also eine Kältemaschine auch als Wärmepumpe bezeichnen.

## VI. Die Wärmeübertragung.

Überall spielt bei der Erzeugung und Verwendung von Wärme bzw. Kälte die Wärmeübertragung eine wesentliche Rolle. Da ein Verständnis aller dieser Vorgänge nur möglich ist, wenn man die Gesetze der Wärmeübertragung einigermaßen kennt, soll an dieser Stelle etwas näher darauf eingegangen werden.

Jedermann weiß aus Erfahrung, daß Wärme nur dann von einem Körper auf einen anderen übergeht, wenn zwischen beiden Körpern eine Temperaturdifferenz besteht. Es ist ferner bekannt, daß es Körper gibt, die die Wärme sehr gut leiten, vor allem die Metalle, und daß es Körper gibt, die die Wärme sehr schlecht leiten, z. B. Wolle, Gummi, Kork usw.

Die Wärmeübertragung kann auf drei verschiedene Arten erfolgen, 1. durch Strahlung; das ist also beispielsweise die Art der Wärmeübertragung, wie sie von der Sonne zur Erde erfolgt, oder wie sie von einer Glühlampe aus stattfindet. Die Strahlung spielt hauptsächlich bei hohen Temperaturen eine Rolle. Wir wollen sie daher an dieser Stelle nicht ausführlicher untersuchen.

Die 2. Art der Wärmeübertragung geschieht durch Leitung. Erwärmt man beispielsweise einen Metallstab an der einen Seite, so wird er nach einiger Zeit auch an der anderen Seite warm und zwar um so schneller und um so wärmer, je besser die Wärmeleitfähigkeit des Stabes ist. Die in der Zeiteinheit, beispielsweise pro Stunde, übergehende Wärmemenge ist um so größer, je größer die Fläche ist, durch die sie hindurchtritt und je größer der Temperaturunterschied zwischen Anfang und Ende ist. Sie ist jedoch um so kleiner, je größer die Länge des Körpers ist, d. h. je größer die Längsrichtung ist, in der der Wärmestrom fließt. Das ist beispielsweise beim Kühlschrank die Dicke der isolierten Wandung. Formelmäßig können wir das folgendermaßen ausdrücken:

$$Q = \frac{F \cdot t}{d} \lambda \, .$$

Hierin bedeutet $Q$ die Wärmemenge, die pro Stunde vom wärmeren zum kälteren Teil übergeht, $F$ die Fläche in m², $t$ die Temperaturdifferenz in Grad Celsius, $d$ die Dicke der Schicht in Meter und $\lambda$ (Lamda) einen Faktor, der von dem verwendeten Material abhängt. Um einen Überblick über $\lambda$ zu geben, seien für einige Stoffe folgende Werte genannt:

| | | | |
|---|---|---|---|
| Kupfer . . . | 330 | Glas . . . . | 0,5—0,9 |
| Aluminium . | 175 | Mauerwerk . | 0,75 |
| Eisen usw. . | 35—50 | Korkstein . | 0,035 |
| Eis . . . . | 1,5—2 | Holz . . . . | 0,04—0,19 |

Hieraus ersieht man die außerordentlich gute Leitfähigkeit der Metalle, vor allem von Kupfer. Korkstein dagegen leitet etwa 10 000mal so schlecht. Wo es auf besonders gute Leitfähigkeit ankommt, wählt man daher Kupfer oder Aluminium, wo es auf besonders schlechte Leitfähigkeit ankommt Korkstein oder eines der zahlreichen anderen Isoliermittel, deren Wärmeleitzahl in der gleichen Größenordnung liegt.

Aus der obigen Formel geht hervor, daß die Wärmeleitung in einem Körper bzw. zwischen zwei Körpern gleich Null ist, wenn die Temperaturdifferenz zwischen beiden gleich Null ist. Obwohl diese Tatsache selbstverständlich und allgemein bekannt ist, muß sie hier nochmals scharf hervorgehoben werden. Überall, wo Wärmeübertragungen stattfinden, müssen entsprechende Temperaturdifferenzen bestehen. Und zwar müssen bei gleicher zu übertragender Wärmemenge die Temperaturunterschiede um so größer sein, je kleiner die Oberflächen sind, und umgekehrt. Der Körper, der Wärme an einen anderen abgeben soll, muß also stets wärmer sein als dieser andere Körper. Beispielsweise muß der Kondensator einer Kältemaschine wärmer sein als das Kühlwasser bzw. bei Luftkühlung die Außenluft. Wenn Speisen in einem Kühlschrank gekühlt werden sollen, muß die Luft im Kühlschrank kälter sein, sonst werden sie nicht weiter gekühlt. Ebenso muß der Verdampfer in einem Kühlschrank kälter sein als die Luft im Kühlschrank, und zwar muß bei einer gegebenen Kälteleistung diese Temperaturdifferenz um so größer sein, je kleiner die Oberfläche des Verdampfers ist und umgekehrt.

Ein anderes Beispiel: Ein großes Stück Fleisch wird im Kühlschrank nur sehr langsam heruntergekühlt; denn seine Oberfläche ist im Verhältnis zu seinem Gewicht nur sehr klein. Infolgedessen kann die Wärme nur langsam übergehen. Will man also irgend etwas sehr schnell kühlen, so muß man ihm eine möglichst große Oberfläche geben.

Hiermit sind wir bereits zu der 3. Art der Wärmeübertragung gekommen, nämlich durch Konvektion. Wenn ein fester Körper an flüssiges oder gasförmiges Medium grenzt und es besteht zwischen beiden eine Temperaturdifferenz, so geht natürlich auch hier eine bestimmte Wärmemenge durch Leitung über. Sobald das flüssige oder gasförmige Medium in Bewegung kommt, tritt hierzu noch die Wärmeübertragung durch Konvektion. Beide zusammenbezeichnet man als Wärmeübergang. Auch dieser Wärmeübergang ist um so größer, je größer die Fläche und je größer die Temperaturdifferenz ist. Er ist aber außerdem davon abhängig, ob die Wärmeübertragung an Flüssigkeiten oder an Gase erfolgt bzw. umgekehrt. Der Wärmeübergang an Flüssigkeiten ist verhältnismäßig groß, noch größer, wenn die Flüssigkeit in schneller Bewegung ist. Der Wärmeübergang an Gase dagegen ist bei Atmosphärendruck verhältnismäßig klein, steigt aber ziemlich stark, wenn die Gase eine große Geschwindigkeit haben. Der Wärmeübergang an sehr schnell strömende Gase ist aber immer noch nicht so groß wie an eine ruhende bzw. schwach bewegte Flüssigkeit. Jedermann weiß aus der täglichen Erfahrung, daß der menschliche Körper beispielsweise bei ruhender Luft eine sehr große Temperaturdifferenz vertragen kann, daß dagegen bei starkem Wind bei gleicher Temperaturdifferenz der Körper viel stärker durchgekühlt wird und daß der menschliche Körper im Wasser nur sehr geringe Temperaturdifferenzen vertragen kann.

Ein weiteres Beispiel: Stellt man eine Flasche in kaltes Wasser, so wird sie viel schneller gekühlt, als wenn man sie in kalte Luft stellt. Faßt man mit der Hand in kochendes Wasser, so wird man sich unfehlbar verbrühen, dagegen kann man ohne weiteres längere Zeit die Hand in heiße Luft von etwa 100° halten.

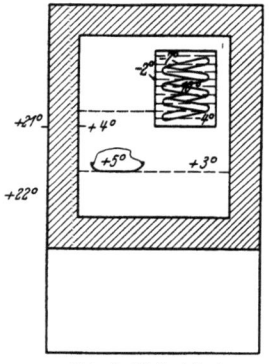

Abb. 6. Beispiel einer Temperaturverteilung im Kühlschrank.

Um einen Überblick über die beim Betriebe von Kühlschränken auftretenden Temperaturdifferenzen zu gewinnen, sei auf Abb. 6 verwiesen. Man sieht dort einen Schnitt durch einen Kühlschrank mit eingezeichneten Temperaturen und erkennt, daß das Kältemittel in den Verdampferschlangen eine Temperatur von $-10^0$ hat. Die Verdampferschlange selbst hat etwa $-7^0$, die um die Verdampferschlange liegende Sole $-4^0$, die Wandung des Solekessels $-2^0$, die Luft im Kühlraum $+3^0$, eine auf dem Rost stehende Speise $+5^0$, die Innenwand des Kühlschranks $+4^0$, die Außenwand des Kühlschrankes $+21^0$ und die Außenluft um den Kühlschrank $+22^0$. Es sind dies willkürlich gewählte Verhältnisse, wie sie ohne weiteres auftreten können. Sie zeigen, daß überall Temperaturdifferenzen notwendig sind, um Wärmemengen, bzw. Kältemengen zu übertragen. Es ist von besonderer Wichtigkeit, daß man sich über diese Tatsache vollständig klar wird.

## B. Die praktische Durchbildung der Kühlschränke.

### VII. Die Durchbildung der einzelnen Teile der Kompressorkältemaschinen.

In Abb. 3 ist eine schematische Darstellung einer Kompressormaschine einfachster Bauart gezeichnet. In Wirklichkeit kommen bei der praktischen Ausführung natürlich noch einige Teile dazu. Die Abb. 7 zeigt nun eine schematische Darstellung einer betriebsfähigen Maschine. An Hand dieser Abbildung sollen die wichtigsten Einzelteile besprochen und erläutert werden.

Der Kompressor ist entweder ein Kolbenkompressor oder Rotationskompressor. Die Wirkungsweise eines Kolbenkompressors darf im wesentlichen als bekannt vorausgesetzt werden. Bei dem einen Kolbenhube wird das dampfförmige Kältemittel angesaugt und beim nächsten Hube auf den notwendigen Druck verdichtet und dann durch ein Ventil in die Druckleitung zum Kondensator hineingeschoben. Bei kleineren Kühlschränken verwendet man Einzylinderkompressoren, bei den größeren Typen wegen des gleichmäßigeren und ruhigeren Laufes vielfach Zweizylinderkompressoren. Die Tourenzahl des Kompressors wird im Durchschnitt zu etwa 300—400 pro Minute gewählt; einige Ausführungen gehen bei direkter Kupplung mit dem Motor heute schon bis 1500 Touren herauf. Naturgemäß verlangen dieselben besonders hohe Präzision in der Herstellung.

Bei den Rotationskompressoren sitzt auf der Welle ein zylindrischer Kolben, der exzentrisch in einem Gehäuse rotiert. Die

Trennung von Saug- und Druckraum erfolgt durch eine bewegliche Zunge. Ventile zum Steuern von Ein- und Auslaß können hier im Gegensatz zu Kolbenkompressoren meist entbehrt werden.

Bei der Kompression werden Gase bekanntlich stark erhitzt, deshalb muß der Kompressor wenigstens in mäßigem Umfange gekühlt werden. Meistens wird der Kompressor daher mit Rippen versehen. Die Schmierung des Kompressors geschieht durch Öl. Das reichlich vorgesehene Schmieröl füllt im allgemeinen den unteren Kurbelkasten an. Einige Typen haben auch eine besondere Ölpumpe. Ein geringer Teil des Öles wird in Nebelform mit dem verdichteten Kältemittel mitgerissen. Dieses Öl kann entweder den ganzen Kreislauf durch die Maschine mitmachen. Man muß dann dafür sorgen, daß es sich nicht an einer toten Stelle in der Leitung absetzen kann, beispielsweise im Verdampfer, und sich dann so anhäuft, daß der weitere Betrieb der Maschine unmöglich wird. In dem Verdampfer in Abb. 10 beispielsweise setzt sich das Öl oben auf dem Flüssigkeitsspiegel ab und wird durch die Öffnung $n$ immer wieder abgesaugt. Man kann aber auch hinter dem Kompressor einen besonderen Ölabscheider anordnen, der Kältemittel und Öl trennt und das Öl in den Kompressor zurückdrückt.

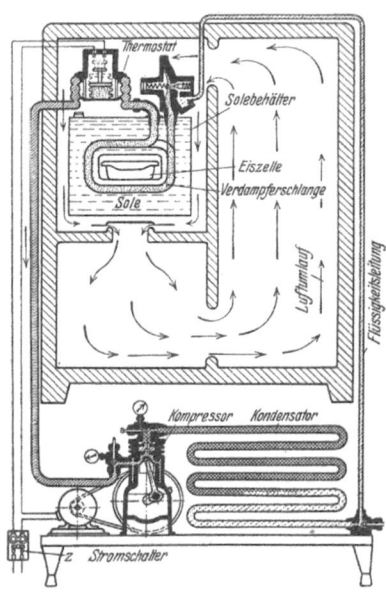

Abb. 7. Schematische Darstellung eines Kompressionskühlschrankes [1].

Ein wichtiger Punkt bei allen Kompressoren ist die Stopfbüchse. Die Kurbelwelle muß durch das Gehäuse des Kompressors hindurchgeführt werden, weil außen die Riemenscheibe sitzt, die vom Motor angetrieben wird. Diese Stopfbüchse fällt nur bei den Kompressoren fort, bei denen der Motor, gegen außen vollkommen abgeschlossen, mit im Gehäuse sitzt. Wir werden derartige Konstruktionen später noch kennen lernen.

Eine spezielle Ausführungsform einer Stopfbüchse zeigt Abb. 8.

---

[1] Plank: Haushaltkältemaschinen. Berlin: Julius Springer 1928.

Durchbildung der einzelnen Teile der Kompressorkältemaschinen. 19

Mit verschiedenen Variationen sieht man eine derartige „Membranstopfbüchse" heute vielfach. Ein Druckring aus Graphitbronze ist mit der balgartigen Membran $b$ fest verbunden. Durch die Feder $a$ wird er gegen die Stirnseite der Welle gepreßt. Der Druckring steht still, während die Welle rotiert. Die dichtenden Flächen, die aufeinander laufen, sind also eben und nicht zylinderförmig. Das ist der große Vorteil dieser Ausführung. Denn, wenn sich hier das Material etwas abnutzt, sagen wir mal um $1/10$ mm, so preßt die Spiralfeder $a$ sofort nach, so daß keine Undichtigkeit entstehen kann.

Die Stopfbüchse ist eines der wichtigsten Teile in der Maschine. Von ihrem einwandfreien Betrieb hängt alles ab. Denn sobald sie undicht ist, entweicht das Gas und die Kälteleistung hört bald ganz auf.

Der Kondensator hat, wie früher bereits erwähnt, die Aufgabe, das Kältemittel zu verflüssigen. Er kann diese Aufgabe nur erfüllen, wenn er mit genügender Oberfläche ausgeführt ist, um die bei der Kondensation entstehende Wärme abzuführen. Bei Kühlung durch fließendes Wasser braucht die Oberfläche nur verhältnismäßig gering zu sein, weil der Wärmeübergang zwischen Metall und Wasser sehr groß ist. Bei einem luftgekühlten Kondensator, wie er

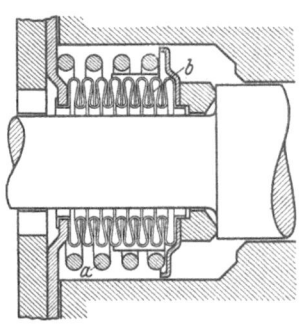

Abb. 8. Stopfbüchse zur Abdichtung von Kompressorwellen (Frigidaire).

für die modernen Haushaltkühlschränke fast durchweg verwendet wird, muß die Oberfläche erheblich größer sein. Man verwendet für derartige luftgekühlte Kondensatoren Kupfer- oder Eisenrohre in genügender Länge, die meist der Materialersparnis wegen mit Rippen versehen sind. Außerdem sieht man fast immer einen Ventilator vor, der die Luft mit großer Geschwindigkeit an den Kondensatorrohren vorbeibläst, weil dadurch die Oberfläche kleiner gehalten werden kann. Diesen Ventilator setzt man fast durchweg auf die Kompressor- oder Motorwelle, d.h. man vereinigt den Ventilator mit der Antriebsriemenscheibe. Man kann im allgemeinen rechnen, daß der Kondensator einer luftgekühlten Maschine auf etwa $10^0$ über Raumtemperatur kommt. Diese Temperaturdifferenz ist notwendig, um die Wärme an die Luft abzuführen.

Aus den Dampfdruckkurven der Abb. 2 gehen die Drücke hervor, die mindestens im Kondensator herrschen müssen, um das

Kältemittel zu verflüssigen. Man ersieht daraus beispielsweise, daß bei einer Raumtemperatur von 25° und einer entsprechenden Kondensatortemperatur von 35° der Druck bei Verwendung von Methylchlorid etwa 8 at betragen muß. Dieser Druck wird automatisch vom Kompressor erreicht; denn solange im Kondensator noch nichts kondensiert, staut sich das Kältemittel auf, so daß der Druck durch das neu hinzukommende Gas dauernd höher wird. Erst wenn der Druck so hoch ist, daß alles zugeführte Kältemittel kondensiert werden kann, ist der Gleichgewichtszustand erreicht.

Bleibt bei einem wassergekühlten Kondensator das Kühlwasser aus, so kann nicht mehr die notwendige Wärme abgeführt werden. Die Folge davon ist, daß die Temperatur dauernd steigt, ohne daß das Kältemittel zur Kondensation kommt. Der Kompressor fördert immer neues Gas in den Kondensator und damit steigen der Druck und die Temperatur dauernd weiter. Es ist dann möglich, daß der Kondensator dieser Überbeanspruchung nicht mehr gewachsen ist und an einer Stelle platzt. Damit können natürlich sehr unliebsame Unfälle verbunden sein. Man muß daher bei allen wassergekühlten Kondensatoren eine Sicherheitsvorrichtung einbauen, die bei Ausbleiben des Kühlwassers den Motor sofort abschaltet.

Bei Luftkühlung ist eine derartige Sicherheitsvorrichtung nicht notwendig, da eben die Luft nicht ausbleiben kann. Selbst für den außergewöhnlich unwahrscheinlichen Fall, daß der Ventilator einmal versagen sollte (durch Bruch o. ä.), wäre die Kühlung durch ruhende Luft immer noch genügend groß, um gefährliche Überdrücke und Temperaturen zu vermeiden.

Vom Kondensator tritt das flüssige Kältemittel durch das sog. Reduzierventil in den Verdampfer ein. Dieses Reduzierventil ist ein wichtiges Teil im Kühlschrank; denn es hat die Aufgabe, den hohen Kondensatordruck auf den niedrigen Verdampferdruck zu reduzieren. Es besteht im wesentlichen aus einer feinen Öffnung, deren Größe jedoch in bestimmten Grenzen geändert werden muß. Eine einmalige feste Einstellung dieses Ventils ist nicht möglich, da sowohl der Kondensator-, wie auch der Verdampferdruck sich dauernd ändern können. Der Kondensatordruck ist weitgehend abhängig von der Außentemperatur. Je höher die Außentemperatur, um so höher der Kondensatordruck und umgekehrt.

Der Verdampferdruck schwankt nicht so stark, aber immerhin auch in gewissen Grenzen. Es ist in einem der früheren Kapitel gezeigt worden, daß der Wirkungsgrad einer Kältemaschine um so höher liegt, je höher die Verdampfertemperatur ist. Man wird also danach streben, die Verdampfertemperatur und damit den Ver-

Durchbildung der einzelnen Teile der Kompressorkältemaschinen. 21

dampferdruck so hoch wie möglich zu halten. Andererseits muß die Verdampfertemperatur stets unter der gewünschten Schranktemperatur liegen, damit die geleistete Kälte an den Schrank übertragen werden kann, und zwar muß die Verdampfertemperatur etwa 5—10° unter der Schranktemperatur liegen. Da die Schranktemperatur um etwa 2—3° schwankt, bei Einbringen von größeren Mengen warmen Kühlgutes aber noch stärker schwanken kann und außerdem die Kälteleistung mit der Außentemperatur sich ändert, so schwankt also der günstigste Verdampferdruck in gewissen Grenzen. Bei großen Kühlanlagen wird das Reduzierventil durch geschulte Monteure von Hand gestellt. Das ist natürlich bei einem Haushaltkühlschrank nicht möglich. Es gibt verschiedene Lösungen, die Steuerung dieses Reduzierventils selbsttätig zu machen.

Man unterscheidet grundsätzlich zwei verschiedene Ausführungsmöglichkeiten. Bei der ersten wird der Verdampferdruck konstant gehalten. Hierzu dienen die sog. Membranreduzierventile oder auch Expansionsventile genannt. Bei der zweiten wird der Flüssigkeitsstand im Verdampfer konstant gehalten. Hierzu dienen die sog. Schwimmerregulierventile.

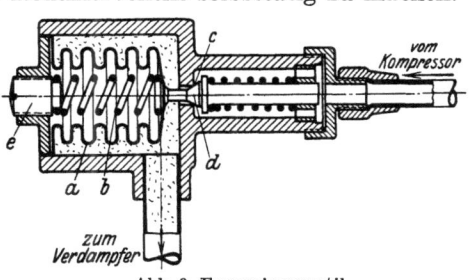

Abb. 9. Expansionsventil.

Das Prinzip des Expansionsventils ersieht man aus Abb. 9. Eine elastische Membrane $a$ steht unter dem Druck des Verdampfers; durch eine Feder $b$ wird ihr das Gleichgewicht gehalten. Das Kältemittel kommt in Richtung des Pfeils vom Kompressor und tritt durch die feine Öffnung $c$ zum Verdampfer über. Hierdurch erfolgt die gewünschte Druckverminderung. Steigt nun aus irgendeinem Grunde der Verdampferdruck, beispielsweise dadurch, daß zuviel Kältemittel hereinkommt, dann wird durch diesen höheren Druck die Membrane zusammengedrückt, und dadurch schließt der Ventilkegel $d$ die Öffnung $c$ wieder weiter zu. Tritt umgekehrt ein zu tiefer Verdampferdruck auf, beispielsweise dadurch, daß die feine Öffnung sich zugesetzt hat, so drückt sich die Membrane, von der Feder nachgeschoben, auseinander und öffnet damit wieder gewaltsam das Ventil. Auf diese Weise wird ziemlich gleichmäßig derselbe Verdampferdruck unabhängig von den verschiedenen Betriebszuständen aufrecht erhalten.

Die zweite Art der Regelung nach dem Flüssigkeitsstand im

Verdampfer hat sich bei sehr vielen Haushaltkühlschränken eingebürgert. Abb. 10 zeigt ein derartiges Schwimmerventil. Die Zuleitung e vom Kondensator ist durch ein feines Ventil k verschlossen und wird von dem Schwimmer i erst wieder geöffnet, wenn der Flüssigkeitsspiegel unter einen gewissen Stand gesunken ist. Hier stellt sich der richtige Verdampferdruck vollständig automatisch ein; denn es wird ja nur soviel neues Kältemittel zugelassen, wie verdampft. Die Reduzierventile der verschiedenen Kühlschranktypen sind fast alle auf eine dieser beiden Grundformen zurückzuführen.

Für den Verdampfer gibt es ebenfalls eine Reihe verschiedener Bauarten. Sie richten sich im wesentlichen nach dem verwendeten

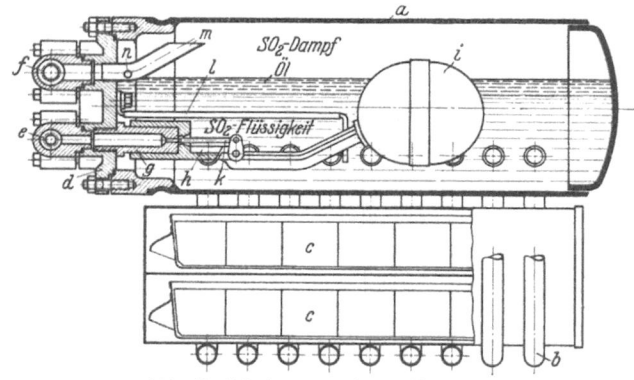

Abb. 10. Schwimmerregulierventil (Linde).

Regulierventil. In Verbindung mit dem Expansionsventil verwendet man Rohrschlangenverdampfer, sog. ,,trockene" Verdampfer. Durch das Reduzierventil wird das Kältemittel in Nebelform in die Schlangen eingespritzt. Ein bestimmter Flüssigkeitsstand bildet sich nicht aus; meist ist keine Flüssigkeit vorhanden, daher ,,trockene Verdampfer". Die Menge des umlaufenden Kältemittels ist infolge des konstanten Verdampferdruckes ziemlich gleichmäßig. Eine selbsttätige Anpassung an verschiedene Belastungszustände erfolgt nicht. In einigen neueren Ausführungen versucht man, auch diesen Einfluß zu erfassen.

In Verbindung mit dem Schwimmerventil verwendet man sog. ,,überflutete" Verdampfer (Abb. 10 u. 11). In dem Kessel wird durch den Schwimmer stets der gleiche Flüssigkeitsstand aufrecht erhalten. Die unten anschließenden Rohre sind daher stets ,,überflutet", was für einen guten Wärmeübergang zweckmäßig ist.

### Durchbildung der einzelnen Teile der Kompressorkältemaschinen. 23

Der Verdampferdruck steigt mit zunehmender Belastung an; es wird infolgedessen mehr Kältemittel abgesaugt und die Kälteleistung steigt. Ebenso umgekehrt. Durch diese selbsttätige Anpassung wird ein hoher Wirkungsgrad gewährleistet.

Bei den meisten Ausführungen liegt der Schwimmer auf der Niederdruckseite; manchmal ordnet man ihn aber auch auf der Hochdruckseite an.

Das verdampfte Kältemittel geht nun durch die Saugleitung wieder zum Kompressor und beginnt dort seinen Kreislauf von neuem. Zwischen Verdampfer und Kompressor ist meist ein Rückschlagventil angeordnet, das verhindert, daß bei Stillstand des Kompressors sich der hohe Druck der Kondensatorseite über den Kompressor hinweg in den Verdampfer fortpflanzt und vor allen Dingen, um zu vermeiden, daß durch die bestehende Druckdifferenz Schmiermittel usw. in den Verdampfer gelangt.

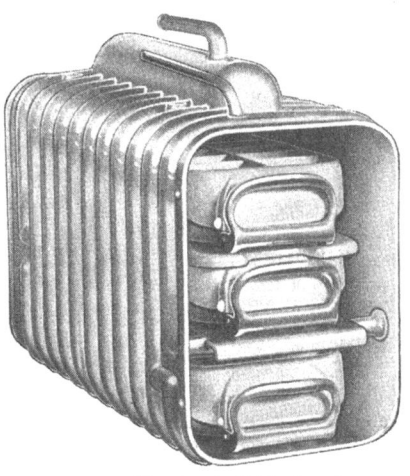

Abb. 11. „Überfluteter" Verdampfer.

Man kann nun den Verdampfer unmittelbar in den Kühlraum hineinhängen. Man spricht dann von direkter Verdampfung. Man kann aber auch den Verdampfer in Sole legen und dieses Solegefäß dann im Kühlschrank anordnen. Man spricht dann von indirekter Verdampfung. Unter Sole versteht man eine Salzlösung, die erst bei sehr tiefen Temperaturen gefriert. Sie besteht aus Wasser und einer Mischung von Salzen, beispielsweise Natriumchlorid, Calciumchlorid, Manganchlorid u. ä. Je nach den Salzen und dem Mischungsverhältnis kann man den Gefrierpunkt bis zu —50° herabsetzen. Die praktischen Mischungen enthalten meist noch Zusätze, um Anfressungen der Metalle zu verhüten.

Bei einem Kühlschrank mit Sole fällt die Temperatur verhältnismäßig langsam ab, weil eben die Sole selbst noch mit herabgekühlt werden muß. Dementsprechend steigt aber die Temperatur auch nur langsam an, wenn das Aggregat abgeschaltet wird. Die Folge ist also, daß der automatische Regler den Motor nur selten ein- und ausschaltet, durchschnittlich alle 4—6 Stunden je einmal.

24 Die praktische Durchbildung der Kühlschränke.

Bei einem Kühlschrank ohne Sole ist die Kältespeicherung nur sehr gering. Der Regler schaltet also häufig ein und aus. In der Abb. 12 sieht man zwei Temperaturkurven, die obere von einem Schrank ohne Sole, die untere von einem Schrank mit Sole. Man sieht daraus deutlich, wie durch die Kältespeicherung die Ein- und Ausschaltzeiten gedehnt werden. Das bedeutet einen Vorteil der Sole, weil Motor und Schaltorgane erheblich weniger beansprucht werden. Ein weiterer Vorteil der Sole ist, daß der Motor in kühlen Nächten evtl. ganz ausgeschaltet werden kann.

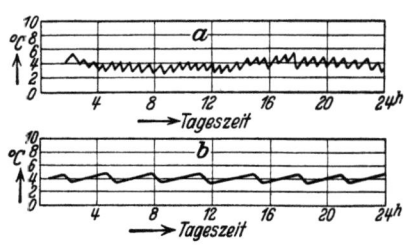

Abb. 12. Temperaturkurven von Kompressorkühlschränken. *a* ohne Sole, *b* mit Sole.

Das Wichtigste aber ist, daß bei einem mehrstündigen unbeabsichtigten Ausbleiben des elektrischen Stromes die Kühlschranktemperatur nicht unzulässig ansteigt. Derartige Störungen in der Stromzufuhr kommen in ländlichen Bezirken mit Freileitungsnetzen häufiger vor.

Diesen Vorteilen der Solekühlung stehen einige kleine Nachteile gegenüber. Durch die mehrfache Kälteübertragung von dem Verdampfer auf die Sole und von der Sole an den Schrank wird die Temperaturdifferenz zwischen Verdampfer und Schrankluft größer, der Energieverbrauch des Kühlschrankes also etwas höher. Soll aus irgendeinem Grunde der Kühlschrank einmal schnell heruntergekühlt werden, so ist der Schrank ohne Sole günstiger, weil eben die Sole nicht mit heruntergekühlt zu werden braucht.

## VIII. Die elektrischen Antriebe der Kompressorkältemaschinen.

Für den Antrieb der Kompressoren kommen ausschließlich Spezialmotoren in Frage; die Universalmotoren für Gleich- und Wechselstrom, wie sie für Staubsauger, Heißluftduschen usw. Verwendung finden, sind für dieses Gebiet ungeeignet.

Bevor die einzelnen Ausführungen beschrieben werden, sollen die Bedingungen untersucht werden, unter denen die Motoren arbeiten müssen. Die größte Schwierigkeit liegt im Anlauf. Kompressoren, insbesondere Kolbenkompressoren, erfordern im Anlauf etwa das 3—3½fache Drehmoment wie bei voller Tourenzahl. Da die kleineren Motore außerdem direkt eingeschaltet werden sollen, sind besondere Hilfsmittel notwendig, dieses hohe Anlaufmoment zu erzielen. In allen Fällen wird die Dauerleistung der Motoren natürlich höher gewählt, als der Kraftbedarf, an der Kompressorwelle gemessen. Infolgedessen braucht das Anlaufmoment im Verhältnis zum Normalmoment des Motors nicht so hoch zu sein, wie oben angegeben. Bei der Forderung nach der Höhe des Anlaufmomentes ist daher stets der Bezugwert anzugeben, auf den sich das Anlaufmoment bezieht.

Als Gleichstrommotore kommen nur Nebenschlußmotore mit einer zusätzlichen Hauptstromwicklung in Frage (Abb. 13). Man nennt diese Motorenart bekanntlich einen Compoundmotor. Die Hauptstromwicklung $H$ verstärkt während des Anlaufes infolge des hohen Anlaufstromes die Nebenschlußwicklung $N$ sehr kräftig, so daß das notwendige hohe Drehmoment gebildet werden kann. Um die Funkenbildung am Kollektor zu beschränken, werden noch Wendepole $W$ vorgesehen, die um 90° gegen die Hauptpole verschoben sind. Man schaltet derartige Gleichstrommotoren heute bis zu Leistungen von 2 PS direkt ans Netz.

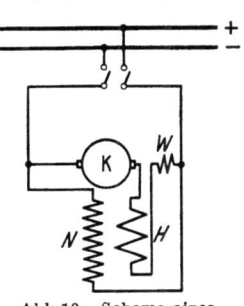

Abb 13. Schema eines Gleichstrommotors.

Den einfachsten Aufbau haben die Drehstrommotoren (Abb. 14). Der Läufer $L$ trägt eine in sich kurz geschlossene Wicklung ohne Kollektor, ohne Bürsten. Die Stromleiter im Läufer sind aus Aluminium und direkt in die Nuten eingespritzt. Da die Nuten ziemlich hoch sind, wirken die Aluminiumleiter stromvermindernd im Anlauf (Stromdämpfungsläufer). Der Ständer besteht aus drei Wicklungen $X, Y, Z$, die um 120° gegeneinander versetzt sind, und dadurch ein Drehfeld erzeugen, das den Läufer mitnimmt. Der Drehstrommotor entwickelt ohne besondere Hilfsmittel bei entsprechender Bemessung ein genügend kräftiges Anlaufmoment; er wird ebenfalls direkt ans Netz geschaltet.

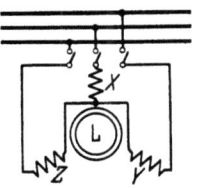

Abb. 14. Schema eines Drehstrommotors.

Die größten Schwierigkeiten bietet der Wechselstrommotor, der für etwa 80% aller Haushaltkühlschränke in Frage kommt. Da beim Wechselstrom, im Vergleich zum Drehstrom, nur eine Phase zur Verfügung steht, entsteht hier zunächst kein rotierendes magnetisches Feld, sondern nur ein stillstehendes. Erst wenn der Läufer einmal in Drehung ist, tritt auch ein rotierendes magnetisches Feld auf. Man muß also durch besondere Hilfsmittel dafür sorgen, daß auch bei stillstehendem Läufer ein Drehfeld auftritt, damit der Motor überhaupt anläuft.

Die einfachste Lösung zeigt Abb. 15. Außer der Hauptspule $M$ ist noch eine Hilfswicklung $H$ im Ständer vorhanden, die aus vielen dünnen Drähten besteht und infolgedessen eine sehr hohe Induktivität besitzt. Daher bleibt der Strom in dieser Hilfsspule $H$ zeitlich etwas gegen den Strom in der Hauptwicklung zurück und das gewünschte Drehfeld kommt zustande.

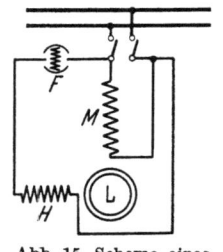

Abb. 15. Schema eines einfachen Wechselstrommotors.

Mit diesem Einphasen-Induktionsmotor lassen sich aber nur geringe Anlaufmomente herausholen, die etwa gleich dem einfachen Nennmoment sind. Eine Verwendung für Kühlschränke kommt nur dann in Frage, wenn man zwischen Motor und Kompressor eine Fliehkraftkupplung einschaltet oder bei Stillstand einen Druckausgleich zwischen Saug- und Druckseite vorsieht. Erwähnt sei noch, daß die Hilfswicklung $H$ nur während des Anlaufes eingeschaltet ist. Nach Erreichen der normalen Drehzahl muß sie abgeschaltet werden, weil sie sonst überlastet wird. Diese Abschaltung nimmt man zweckmäßig durch einen Fliehkraftschalter $F$ vor, der kurz vor Erreichung der Nenndrehzahl anspricht.

Der zweite Weg, in der Hilfswicklung eine Phasenverschiebung zu erzielen, ist wesentlich wirksamer. Anstatt die Induktivität zu erhöhen, schaltet man einen Kondensator in die Leitung der Hilfswicklung ein. Auf diese Weise eilt der Strom in der Hilfswicklung dem Strom in der Hauptwicklung voraus und es entsteht wiederum ein Drehfeld. Je größer der Kondensator bemessen wird, um so größer wird die Phasenverschiebung und um so stärker das Drehfeld.

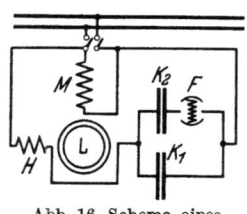

Abb. 16. Schema eines Kondensatormotors.

Für die Schaltung des Kondensators gibt es drei Möglichkeiten. Die erste Möglichkeit besteht darin, den Kondensator dauernd eingeschaltet zu lassen. Dann kann man ihn allerdings nicht genügend stark bemessen, weil die Hilfsspule sonst überlastet würde. Die zweite Möglichkeit ist infolgedessen die, den Kondensator so stark zu bemessen, wie es notwendig ist. Dann aber muß man ihn durch einen Fliehkraftschalter nach Beendigung des Anlaufes abschalten. Dies ergibt im Prinzip dieselbe Schaltung wie bei dem einfachen Induktionsmotor mit Hilfsphase. Aber auch diese Schaltung hat noch einen Nachteil. Der Ständer des Motors wird nur zu zwei Drittel ausgenutzt und man braucht ein ziemlich großes Motormodell.

Die elektrischen Antriebe der Kompressorkältemaschinen. 27

Es liegt daher nahe, beide Schaltungen zu kombinieren. Die dritte Möglichkeit besteht also darin, e i n e n Kondensator stets eingeschaltet zu lassen, und einen zweiten nur während des Anlaufes einzuschalten. Abb. 16 zeigt ein derartiges Schaltungsschema. $L$ ist der in sich kurz geschlossene Läufer, der genau so gebaut ist wie der Läufer von Drehstrommotoren. $M$ ist die Hauptwicklung und $H$ die Hilfswicklung. In den Stromkreis der Hilfswicklung sind die beiden Kondensatoren $K_1$ und $K_2$ eingeschaltet. $K_2$ wird durch den Fliehkraftschalter $F$ nach Erreichen der normalen Tourenzahl ausgeschaltet, während über $K_1$ die Hilfsspule $H$ dauernd am Netz bleibt.

Mit dieser Anordnung gelingt es, die verlangten hohen Drehmomente im Anlauf herauszuholen. Derartige Kondensatormotoren haben in den letzten Jahren für Kühlschränke eine große Verbreitung gefunden und werden von vielen Firmen in ähnlichen Schaltungen, die im Prinzip auf eine der erwähnten zurückgehen, geliefert. Der besondere Vorteil der Kondensatormotoren ist der, daß ihr $\cos \varphi$ praktisch gleich 1 wird. Der dauernd eingeschaltete Kondensator ist entsprechend groß bemessen.

Der Fliehkraftschalter $F$ kann in manchen Fällen unerwünscht sein, weil er unmittelbar in der Nähe des Läufers liegen muß. Für alle die Motoren, die in das Kühlaggregat eingebaut werden, ist er sogar eine Unmöglichkeit. Man kann ihn aber durch einen Überstromschalter ersetzen. Die kleineren Sicherungsautomaten, die eine Leitung bei Überlastung abschalten und dabei mit thermischer Verzögerung arbeiten, sind ja in der Installationstechnik allgemein üblich geworden. Da nun der Strom im Kreise der Hilfsspule im Dauerbetriebe stark ansteigen würde, kann man diesen Stromkreis durch einen solchen Automaten abschalten. Es ist lediglich nötig, seine Auslösestromstärke entsprechend zu bemessen.

Es sei noch kurz angedeutet, wie die Schaltung solcher Kondensatormotoren variiert werden kann. Es wirkt unter Umständen nachteilig, daß die Kondensatoren recht groß werden. Dies trifft besonders bei 110 Volt zu. Die Blindleistung, die ein Kondensator erzeugt, ist proportional dem Quadrat der Spannung. Die Kondensatoren werden infolgedessen um so kleiner, je höher die Spannung ist. Man sieht daher vielfach noch einen Transformator vor, der die Spannung an den Kondensatoren erhöht, und auf diese Weise aus einem gegebenen Modell eine höhere Blindleistung herausholt. Man kann die Anordnung auch so treffen, daß man nur einen Kondensator hat, der im Anlauf über einen Transformator an eine höhere Spannung gelegt wird und bei Erreichung der normalen Drehzahl wieder auf die normale Spannung zurückgeschaltet wird. In diesem Falle ist also der Fliehkraft- bzw. Überstromschalter nur ein Umschalter.

Abb. 17 zeigt einen solchen Kondensatormotor mit danebenstehendem Kondensator und zwei Überstromschaltern. Der eine versieht die Rolle des Fliehkraftschalters und schaltet den einen Kondensator nach Beendigung des Anlaufes ab. Der zweite ist als normaler Motorschutzschalter geschaltet, der das Netz und den Motor vor Überlastung schützt. Die Hebel dieser beiden Schalter sind durch eine Stange verbunden. Man schaltet sie mit ihr gemeinsam ein. Da die Hebel mit dem Schalter durch eine Freilaufkupplung verbunden sind, kann der Schalter abschalten, ohne daß die Hebel sich bewegen.

Abb. 17. Kondensatormotor mit Zubehör (Siemens-Schuckert).

Eine andere Bauart der Einphasenmotoren, die besonders in Amerika verwendet wird, ist der Repulsionsmotor. Der Repulsionsmotor hat einen Läufer mit Kollektor, ähnlich wie ein Gleichstrommotor; nur sind die Kohlenbürsten in sich kurz geschlossen. Ein solcher Repulsionsmotor entwickelt im Anlauf ein kräftiges Drehmoment, und ist in der Lage, den hohen Anforderungen der Kompressoren zu genügen. Da der Dauerbetrieb mit Kollektor und Kohlenbürsten aber gewisse Nachteile hat, so schaltet man mit einem Fliehkraftschalter nach Erreichen der normalen Tourenzahl den ganzen Kollektor kurz, so daß der Motor nun als reiner Induktionsmotor weiterläuft. Vielfach werden gleichzeitig auch noch die Kohlenbürsten abgehoben, um das Geräusch derselben zu vermindern. Abb. 18 zeigt ein Schema eines derartigen Repulsions-Induktionsmotors. $M$ ist hierbei wieder die Hauptwicklung im Ständer, $L$ der Läufer, $K$ die kurz geschlossene

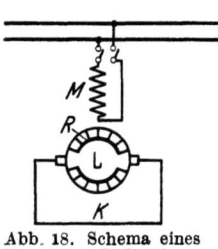

Abb. 18. Schema eines Repulsions-Induktionsmotors.

Leitung zwischen den Kohlenbürsten, und $R$ der Ring, der die einzelnen Lamellen des Kollektors kurzschließt.

Man baut im allgemeinen diese Motoren umschaltbar von 110 auf 220 Volt. Zu diesem Zweck werden die Spulen in der Mitte angezapft und die beiden Hälften bei 110 Volt parallel und bei 220 Volt hintereinander geschaltet. Damit ist das Motormodell für beide Spannungen verwendbar. Kondensator und evtl. Transformator, die in einem besonderen Kasten zusammengebaut, vollständig vergossen sind, können unter Umständen auch umschaltbar ausgeführt werden.

## IX. Die Eigenschaften der Kältemittel.

Wie bereits früher erwähnt, eignet sich an sich jedes Medium zur Kälteerzeugung, sofern es innerhalb des in Frage kommenden Temperaturbereiches verflüssigt und wieder verdampft werden kann. Es scheiden also zunächst einmal nur die Stoffe aus, die bei normaler Temperatur noch fest sind und die, die bei normaler Temperatur gasförmig sind und auch unter Anwendung höchster Drücke nicht verflüssigt werden können. Alle anderen Stoffe, also ungefähr diejenigen, deren Siedepunkt zwischen $-100°$ und $+100°$ liegen, kommen für eine praktische Verwendung in Frage. Je niedriger die Siedetemperatur ist, um so höher ist der Betriebsdruck; denn die Verflüssigungstemperatur ist ziemlich konstant; sie liegt bei Wasserkühlung etwa bei $+25°$ und bei Luftkühlung etwa bei $+30°$ bis $+40°$. Je höher nun der Druck ist, um so kleiner ist das Volumen des betreffenden Gases. Nun soll einerseits der Druck nicht zu hoch sein, weil sonst die Bauart zu teuer und zu gefährlich würde. Andererseits soll aber auch das Volumen nicht zu groß sein, weil sonst der Kompressor einen außerordentlich schlechten Wirkungsgrad erhielte. Deshalb kommen für Kompressionskühlschränke praktisch nur solche Stoffe in Frage, deren Siedepunkte zwischen $-40°$ und $+15°$ liegen.

Für die Entscheidung, ob ein Kältemittel in der Praxis brauchbar ist, müssen noch verschiedene andere Punkte berücksichtigt werden. Das Kältemittel soll beispielsweise nicht explosionsgefährlich sein, es soll nicht stark giftig sein, es soll sich chemisch inaktiv verhalten, d.h. es soll Metalle usw. nicht angreifen, es soll mit dem notwendigen Schmiermittel zusammen keine Veränderungen hervorrufen usw. Berücksichtigt man alle diese Gesichtspunkte, so stellt sich heraus, daß eigentlich nur folgende Kältemittel praktische Bedeutung haben: Ammoniak ($NH_3$), Methylchlorid oder auch Chlormethyl genannt ($CH_3Cl$), Schwefeldioxyd oder schweflige Säure ($SO_2$), Äthylchlorid ($C_2H_5Cl$) und Isobutan

($C_4H_{10}$). Neu hinzugekommen sind auf Grund amerikanischer Arbeiten Difluordichlormethan ($CF_2Cl_2$), auch Freon oder F 12 genannt, und Tetrafluordichloräthan ($C_2F_4Cl_2$), auch F 114 genannt.

Vom Standpunkt der Wirtschaftlichkeit aus gesehen, ist es ziemlich gleichgültig, welches Kältemittel man verwendet. In allen Fällen ist der theoretische Energieaufwand für eine bestimmte Leistung nahezu derselbe. Allerdings ist die Verdampfungswärme sehr verschieden. Sie beträgt beispielsweise für

|  | kcal pro kg |
|---|---|
| Ammoniak | 310 |
| Methylchlorid | 99 |
| Schwefeldioxyd (schweflige Säure) | 94 |
| Äthylchlorid | 96 |
| Isobutan | 88 |
| Freon | 38 |

Diese Werte gelten für eine Verdampfungstemperatur von $-10°$ und sind bei höheren Temperaturen etwas niedriger und bei niedrigeren Temperaturen etwas höher. Von dieser Kälteleistung pro Kilogramm muß man nun zunächst einmal die Kälteleistung abziehen, die notwendig ist, um die betreffende Menge Kältemittel selbst von der Kondensationstemperatur, beispielsweise $+30°$, auf die Verdampfungstemperatur, beispielsweise $-10°$, herunter zu bringen. Hierzu sind bei Ammoniak 45 kcal pro kg erforderlich, bei Methylchlorid 15 kcal pro kg, bei schwefliger Säure 13 kcal pro kg, bei Äthylchlorid 17 kcal pro kg und bei Freon etwa 9 kcal pro kg. Diese Werte muß man also zunächst von den oben genannten Zahlen abziehen; denn sie sind ja für die praktische Ausnutzung verloren. Daß trotz dieser großen Unterschiede in der Verdampfungswärme der Wirkungsgrad bei allen Kältemitteln ziemlich gleich ist, liegt daran, daß beispielsweise viel mehr Arbeit notwendig ist, um 1 kg Ammoniak zu verflüssigen als 1 kg Methylchlorid usw.

In Abb. 2 sind die Dampfdruckkurven für die hauptsächlichsten Kältemittel, Ammoniak Methylchlorid, Schwefeldioxyd und Äthylchlorid gezeichnet. Die Dampfdruckkurve von Freon liegt zwischen der von Ammoniak und Methylchlorid, die Dampfdruckkurve von Tetrafluordichloräthan etwas über der von Äthylchlorid. Betrachtet man den Druck bei derselben Temperatur, beispielsweise bei $+30°$ C, so sieht man, daß Ammoniak den höchsten Druck hat und Äthylchlorid den niedrigsten Druck. Für kleine Haushaltkühlschränke ist der Druck von Ammoniak in Rücksicht auf die Stopfbüchse bereits unangenehm hoch. Außerdem wird das Gasvolumen wegen des hohen Druckes und der hohen Verdampfungswärme so klein, daß es schwierig und unwirtschaftlich

Die Eigenschaften der Kältemittel. 31

wäre, einen so kleinen Kompressor zu bauen. Andererseits hat Äthylchlorid den Nachteil, daß auf der Verdampferseite, also bei einer Verdampfertemperatur von $-10^0$, der Druck bereits unter 1 at liegt, d. h. daß Unterdruck herrscht. Infolgedessen kann bei undichter Stopfbüchse Luft in den Kreislauf eintreten. Auch bei Schwefeldioxyd kann bei sehr tiefen Verdampfertemperaturen unter $-10^0$ ein kleiner Unterdruck auftreten, doch ist die Gefahr hier nicht groß. Aus diesen Gründen verwendet man für Haushaltkompressorkühlschränke in überwiegendem Maße Methylchlorid und Schwefeldioxyd.

Was die Explosionsfähigkeit betrifft, so kann Schwefeldioxyd überhaupt nicht explodieren; denn unter Explosion versteht man eine plötzliche Verbrennung, d. h. eine plötzliche Verbindung mit Sauerstoff. Da aber Schwefeldioxyd bereits eine gesättigte Sauerstoffverbindung ist, kann hier eine Explosion nicht eintreten. Die anderen Stoffe sind in gewissen, allerdings sehr engen Konzentrationen explosionsfähig. Es erscheint jedoch nach menschlichem Ermessen ausgeschlossen, daß innerhalb der Maschine eine Explosion stattfindet, weil niemals soviel Luft eindringen kann, wie zur Explosion nötig ist und vor allem, weil die Zündmöglichkeit fehlt.

Eine andere Möglichkeit wäre die, daß die Maschine undicht wird, ein Teil des Gases in den Raum strömt und hier mit der Raumluft ein explosionsfähiges Gemisch bildet. Doch muß das Mischungsverhältnis zwischen Luft und Kältemittel einen ziemlich bestimmten, eng begrenzten Wert haben, wenn eine Explosion möglich sein soll. Es erscheint also auch in diesem Falle eine Explosion als außerordentlich unwahrscheinlich. Es kommt dazu, daß die Kältemittelmengen in einem Kühlschrank sehr gering sind und bei Undichtwerden durch die natürliche Ventilation der Räume sehr schnell nach außen abgeführt werden.

Bei Ammoniak beispielsweise liegt das explosionsfähige Mischungsverhältnis zwischen 17 und 27 Vol.-%, also sehr hoch. Außerdem ist eine Zündung sehr schwierig und höchstens durch offenes Licht einzuleiten. Lange vor Erreichen dieses Verhältnisses aber ist der Aufenthalt in solchen Räumen für Menschen schon unmöglich (bereits von 2% an).

Die verschiedenen Unglücksfälle durch Explosion von Luft-Kältemittel-Gemischen, die bekannt geworden sind, sind erstens nur in gewerblichen Anlagen aufgetreten, wo also große Kältemittelmengen zur Verfügung stehen, und zweitens nur durch gleichzeitiges unvorsichtiges Hantieren mit Schweißapparaten oder ähnlichem.

Eine Abart dieser rein chemischen Explosion ist die mechanische Explosion, die entsteht, wenn infolge übermäßig hohen Druckes das Material platzt und damit große Mengen Kältemittel in den Raum strömen. Diese Gefahrmöglichkeit ist eigentlich nur bei wassergekühlten Anlagen vorhanden, wenn nämlich das Kühlwasser ausbleibt und der Motor bzw. die Heizung nicht abgestellt wird. Bei luftgekühlten Anlagen ist diese Gefahr praktisch ausgeschlossen, weil die Wärmeabfuhr stets gesichert ist.

Die Giftigkeit. Bis zu einem gewissen Grade ist natürlich jedes Kältemittel für den menschlichen Körper gefährlich, selbst wenn es an sich absolut ungiftig ist. Es kann nämlich aus der Luft den unbedingt notwendigen Sauerstoff vertreiben und damit die Atmung unterbinden. Ein wirklich gefahrloses Kältemittel gibt es also, wenn man von Wasser und Luft absieht, nicht.

Von den bisher behandelten Kältemitteln ist wohl Schwefeldioxyd das giftigste. Es ergibt mit der Feuchtigkeit der Schleimhäute zusammen schweflige Säure und z. T. Schwefelsäure, also einen überaus stark ätzenden Stoff, der die inneren Organe, vor allem die Lunge, verbrennen kann. Andererseits hat aber Schwefeldioxyd den Vorteil, daß es sich bereits in ganz geringen Mengen durch seine starken Reizwirkungen bemerkbar macht. Eine geringe Undichtigkeit eines Kühlaggregates würde man also stets rechtzeitig merken, um eine entsprechende Lüftung des Raumes vornehmen und sich selbst in Sicherheit bringen zu können. Diese starke Reizwirkung tritt bereits bei sehr geringen Mengen auf, die für die Gesundheit noch vollständig ungefährlich sind. Eine ernstliche Gefahr würde nur dann bestehen, wenn ein Mensch in einem abgeschlossenen Raum, in dem ein Kühlschrank mit Schwefeldioxyd steht, schläft und wenn durch einen Riß ein plötzlich starkes Entweichen von Kältemittel stattfinden würde. Es bedarf also stets des Zusammenwirkens der verschiedensten unglücklichen und unwahrscheinlichsten Zufälle.

Ammoniak ist ebenfalls giftig, jedoch nicht in demselben Maße wie Schwefeldioxyd. Ammoniak hat den stechenden Geruch, der im Haushalt vom Salmiak bekannt ist. In größeren Mengen eingeatmet kann es ebenfalls Vergiftungserscheinungen hervorrufen.

Methyl- und Äthylchlorid sind relativ weniger giftig, haben jedoch den Nachteil, daß sie sich nur schwach durch den Geruch bemerkbar machen und also längere Zeit eingeatmet werden können, ehe man ihre Einwirkung bemerkt. Neuerdings vermischt man Methylchlorid mit geringen Mengen sehr stark riechender Stoffe, damit man auch kleinste Mengen schon durch den Geruch wahrnehmen kann.

Die neuen Kältemittel Difluordichlormethan und Tetrafluor-

Die Durchbildung der Absorptionskältemaschinen. 33

dichloräthan sind praktisch nicht giftig und auch geruchlos. Sie werden in Amerika hauptsächlich für die Kühlung von Wohn- und Aufenthaltsräumen verwendet. Man darf bei der Beurteilung der Giftigkeit auch nicht vergessen, daß bei Haushaltkühlschränken stets nur sehr geringe Mengen Kältemittel vorhanden sind. Sie betragen im allgemeinen nur 1—2 kg. Diese Menge ist fast niemals in der Lage, eine gefährliche Konzentration in einem Raum herbeizuführen, besonders da die ganze Kältemittelmenge niemals plötzlich in einigen Sekunden entweicht; dazu kommt noch, daß die an sich giftigeren Kältemittel wie Schwefeldioxyd und Ammoniak schon in den geringsten Konzentrationen eine sehr große Riechwirkung ausüben und den Menschen daher rechtzeitig warnen.

Aus alledem geht hervor, daß irgendeine Gefahr für den Besitzer eines Kühlschrankes nicht besteht. Jedenfalls sind die Gefahren desselben ganz erheblich geringer als beispielsweise die Gefahren von Leuchtgas.

Die Frage, wieweit die genannten Kältemittel chemische Einwirkungen auf Metalle ausüben, ist ziemlich weitgehend untersucht worden. Man kann im allgemeinen sagen, daß die genannten Kältemittel gegen Eisen und Kupfer unempfindlich sind.

Eine Forderung, die bei Kompressormaschinen für alle Kältemittel unbedingt erfüllt werden muß, ist die vollkommene Wasserfreiheit. Bevor das Aggregat gefüllt wird, muß man es sorgfältig austrocknen, und dann muß man dafür sorgen, daß mit dem Kältemittel und dem Schmiermittel keine Feuchtigkeit mehr in das Aggregat hereinkommt; denn dieselbe würde bei Schwefeldioxyd beispielsweise Schwefelsäure ergeben und dann die Metallteile angreifen. Bei Methyl- und Äthylchlorid bewirkt die Anwesenheit von Feuchtigkeit, daß sich im Reduzierventil Eiskristalle bilden, die die feine Öffnung zusetzen.

Als Schmiermittel muß man für jedes der Kältemittel ein besonderes Öl aussuchen. Hier hat jede Firma ihre besonderen Erfahrungen, und es ist sehr wichtig, daß bei Reparaturen und evtl. Nachfüllen stets nur das vorgeschriebene Schmiermittel verwendet wird; denn eine Störung der automatischen Schmierung führt binnen kurzem eine Störung des ganzen Aggregates herbei.

## X. Die Durchbildung der Absorptionskältemaschinen.

Die meisten Typen von Absorptionskältemaschinen für Haushaltkühlschränke sind periodische. Sie sind entstanden aus dem Wunsche, einen einfachen, billigen und betriebssicheren Kälteapparat zu schaffen. Ihr Hauptvorteil ist der, daß sie im allgemeinen keine beweglichen Teile aufzuweisen haben und infolgedessen kein Verschleiß stattfindet. Die Schwierigkeiten der Schmierung und der Abdichtung rotierender Teile fallen fort und damit eine Reihe Störungsquellen. Sie arbeiten lautlos und erschütterungsfrei. Die Energiezuführung erfolgt nur durch Heizung; man ist also auch in der Lage, billige Energiequellen auszunützen.

Das Schema einer betriebsfähigen älteren wassergekühlten Maschine zeigt Abb. 19. Man sieht dort rechts den Kocher $r$, der durch ein elektrisches Heizelement $t$ beheizt wird. Der aus dem Wasser ausgetriebene Ammoniakdampf geht über ein kleines Gasabscheidegefäß $u$ durch die Rohrleitung $v$ und den Flüssigkeitsabscheider $m$ in die Kondensatorschlange $k$, die vollständig in einem Wasserbade liegt. Von diesem Kondensator fließt das verflüssigte Kältemittel in den Verdampfer $l$ und sammelt sich dort an. Der Kondensator wird durch fließendes Wasser gekühlt, und zwar sieht man den Zufluß $o$ des Kühlwassers oben in der Mitte durch die Rohrleitung $w$ zu dem Kondensatorbehälter. An dem Abflußhahn $i$ fließt das Kühlwasser wieder ab.

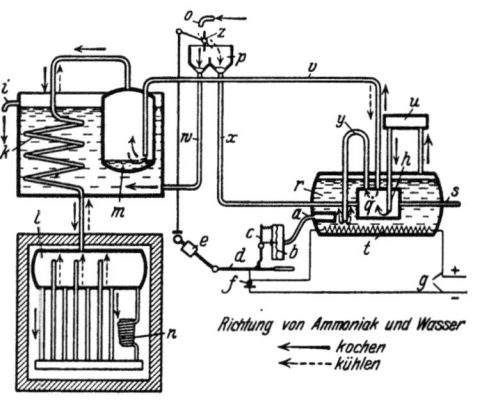

Abb. 19. Schematische Darstellung einer älteren periodisch arbeitenden Absorptionskältemaschine mit Wasserkühlung [1].

Wenn genügend Ammoniak ausgetrieben ist, so wird die Heizung abgeschaltet und das Kühlwasser umgeschaltet. Das Kühlwasser läuft dann durch die Leitung $x$ durch den Kocher, der hierdurch abgekühlt wird und nun als Absorber wirkt. Durch die Abkühlung sinkt nämlich gleichzeitig der Druck in dem Apparat sehr stark und zwar so weit, daß das flüssige Ammoniak bei der gewünschten niedrigen Temperatur verdampfen kann. Das dampfförmige Kältemittel geht nun also rückwärts denselben Weg, den es während der Heizperiode zurückgelegt hat. Es tritt jedoch nicht über den Gasabscheider $u$ in den Absorber, sondern durch das U-förmig nach oben gebogene Rohr $y$. Dieses Rohr $y$ führt den Dampf unterhalb des Wasserspiegels ein, damit eine Durchwirbe-

---

[1] Plank: Haushaltkältemaschinen.

Die Durchbildung der Absorptionskältemaschinen. 35

lung der Flüssigkeit und somit eine gute Absorption erzielt wird. Die bei dem Absorptionsvorgang entstehende Wärme wird durch das Kühlwasser abgeführt.

Bei dieser Wasserammoniakmaschine muß man besonders darauf achten, daß möglichst kein Wasserdampf mit in den Verdampfer gelangt. Es ist nämlich nicht zu vermeiden, daß während des Kochens gleichzeitig mit dem Ammoniak eine gewisse Menge Wasser verdampft. Dieser Wasserdampf würde ebenfalls kondensieren und in den Verdampfer gehen, und nur schwer wieder zu entfernen sein. Denn bei den niedrigen Verdampfertemperaturen während der Kühlperiode verdampft nur das Ammoniak, nicht aber das Wasser. Nach einiger Zeit wäre dann der Verdampfer voll Wasser und damit die Maschine natürlich unwirksam. Um dies zu verhindern, hat man verschiedene Wasserdampf-Abscheidegefäße angeordnet und zwar die Gefäße $u$ und $m$. Trotzdem läßt es sich nicht vollständig vermeiden, daß geringe Spuren von Wasser in den Verdampfer gelangen.

Das ist unangenehm, und deshalb hat man durch verschiedenartige Maßnahmen mit mehr oder weniger Erfolg versucht, diesen Übelstand zu beseitigen. Diese Maßnahmen beruhen meist darauf, daß das Wasser durch eine besondere Saugleitung aus dem Verdampfer gesaugt und in den Kocher zurückbefördert wird. Eine einfache Abhilfe des Übelstandes wäre auch, daß man den Verdampfer durch eine geeignete Heizquelle alle paar Wochen einmal stark erwärmt und damit das Wasser aus dem Verdampfer heraus verdampft und in den Kocher zurücktreibt. Diese Maßnahmen will man jedoch im allgemeinen der Hausfrau nicht zumuten und hat daher, wie oben erwähnt, verschiedene andere Auswege gesucht, die hier jedoch nicht näher beschrieben werden können.

Würde die Kochperiode zu lange ausgedehnt, so würde zuletzt nur noch Wasser im Kocher verdampfen, da alles Ammoniak bereits ausgedampft ist. Würde die Wärmezufuhr noch längere Zeit weitergehen, so könnte unter Umständen ein übermäßig hoher Druck in der Apparatur entstehen und die Gefahr einer Explosion näher rücken. Diese Gefahr sucht man dadurch zu vermeiden, daß man den Kocher rechtzeitig automatisch abschaltet. In der Abb. 19 ist dies beispielsweise durch die in einem kleinen Kasten liegende Membrane $b$ erreicht. Steigt die Temperatur im Kocher auf den noch zulässigen Wert, so wird die Luft in dem Rohr $a$ ausgedehnt und hierdurch die Membrane nach links gedrückt. Dadurch wird der Hebel $c$ betätigt, der Schalthebel $d$ durch das Gewicht $e$ herumgeworfen, damit der Kontakt $f$ geöffnet und die Stromquelle unterbrochen. Das Gewicht $e$ dreht durch ein Übersetzungsgestänge die

36  Die praktische Durchbildung der Kühlschränke.

Klappe z um etwa 45°, so daß das Kühlwasser nun nicht mehr durch den Kondensator, sondern durch den Kocher fließt. Beim Wiedereinschalten muß der Hebel d von Hand wieder betätigt werden. Man bezeichnet eine derartige Einrichtung als halbautomatisch.

Zur Kühlung des Kondensators und Absorbers einer derartigen Maschine muß fließendes Wasser vorhanden sein. Das liegt an den thermischen Eigenschaften dieses Gemisches. In Abb. 20 sind die Dampfdruckkurven von Wasser-Ammoniak gezeichnet. Die linke Kurve mit 100% bedeutet reines Ammoniak (die gleiche

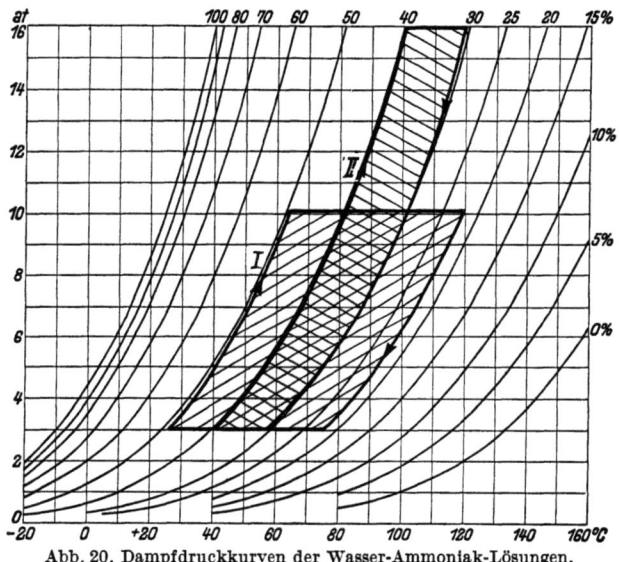

Abb. 20. Dampfdruckkurven der Wasser-Ammoniak-Lösungen.
I Betriebsverlauf bei Wasserkühlung.
II Betriebsverlauf bei Luftkühlung.

Kurve wie in Abb. 2), die rechte Kurve mit 0% reines Wasser. Die Zwischenkurven geben an, wieviel Ammoniak bezogen auf die Gesamtlösung prozentual vorhanden ist.

Die stark ausgezogene Kurve I zeigt den Betriebsverlauf bei Wasserkühlung. Die Ecke links unten gilt für den Beginn der Heizperiode. Die Temperatur liegt bei 25°, die Konzentration bei 49%. Die Kurve wird nun im Sinne der Pfeile durchlaufen. Durch Wärmezufuhr steigt der Druck schnell auf 10 at. Bei diesem Druck, der einer Kondensationstemperatur des Ammoniaks von 25° entspricht, kann nun alles ausgetriebene Ammoniak verflüssigt werden. Infolgedessen wird bei weiterer Wärmezufuhr der Druck nicht weiter steigen, während die Konzentration immer geringer wird und die Temperatur entsprechend heraufgeht. Bei 120° unterbricht man im allgemeinen die Heizung, damit nicht zuviel Wasser mitverdampft. Wie man aus den Kurven sieht, ist die Lösung nun bis auf 22% entgast. Nach Abschalten der Heizung sinken Temperatur und Druck allmählich ab. Soll das Ammoniak bei —10° verdampft werden, so tritt bei 3 at wieder ein Beharrungszustand ein. Die Lösung sättigt sich allmählich immer mehr, je weiter der Absorber heruntergekühlt wird. Bei 25° muß man abbrechen, weil bei Wasserkühlung eine weitere Herabkühlung zu langsam vor sich ginge. Damit ist der Ausgangspunkt mit 49% Konzentration wieder erreicht.

In jeder Arbeitsperiode werden also 49 — 22 = 27% Ammoniak bezogen auf die Gesamtlösung ausgenutzt.

Ganz anders liegen die Verhältnisse, wenn man zur Luftkühlung übergeht, für die die Kurve II gilt. Man kann hier den Absorber auf nur etwa 40° herunterkühlen (für warme Tage berechnet) und die Lösung infolgedessen nur auf 40% anreichern. Da der Kondensator ebenfalls nicht tiefer als 40° gekühlt werden kann, geht die Austreibung des Ammoniaks bei 16 at vor sich. Da man auch hier bei etwa 120° den Heizvorgang abbricht, hört die Austreibung bei 31% auf. In der luftgekühlten Maschine lassen sich also bei dem gewählten Beispiel nur 9% Ammoniak, bezogen auf die Gesamtlösung, pro Periode ausnutzen. Da aber bei jeder Heizperiode der Kocher mit dem ganzen Wasserinhalt hochgeheizt werden muß, und diese Heizenergie einen Verlust bedeutet, so nimmt der Wirkungsgrad bei Luftkühlung mit steigender Außentemperatur sehr rasch ab. Die thermischen Eigenschaften des Systems Wasser-Ammoniak gestatten also Luftkühlung nur mit sehr schlechtem Wirkungsgrad.

Außer dem System Wasser-Ammoniak gibt es eine Reihe weiterer Gemische, von denen die mit trockenen pulverförmigen Absorptionsmitteln besondere Beachtung verdienen. Am bekanntesten ist das System Chlorkalzium-Ammoniak. Chlorkalzium ($CaCl_2$) ist ein weißes Salz, in seiner chemischen Zusammensetzung unserm gewöhnlichen Kochsalz ähnlich. Es geht mit Ammoniak eine chemische Verbindung ein (im Gegensatz zu der Absorption von Ammoniak in Wasser, die im wesentlichen ein physikalischer Vorgang ist). Im Verlaufe der Dampfdruckkurven des Systems Chlorkalzium-Ammoniak liegt ein wichtiger Unterschied gegenüber den Dampfdruckkurven von Wasser-Ammoniak. Während bei letzterem eine Absorption nur bei sinkenden Temperaturen und eine Austreibung nur bei steigenden Temperaturen möglich ist, erfolgen diese Vorgänge bei Chlorkalzium-Ammoniak bei einer konstanten

Temperatur, vorausgesetzt natürlich, daß der Dampfdruck konstant ist. Abb. 21 zeigt die Dampfdruckkurven von Chlorkalzium-Ammoniak.

Es ist entweder nur die Verbindung 1 Mol Chlorkalzium auf 8 Mol Ammoniak möglich (Kurve b) (1 Mol ist die Gewichtsmenge in Gramm die das Molekulargewicht angibt), oder 1 Mol Chlorkalzium auf 4 Mol Ammoniak (Kurve c) oder 1 Mol Chlorkalzium auf 2 Mol Ammoniak (in der Kurve nicht dargestellt). Dazwischen

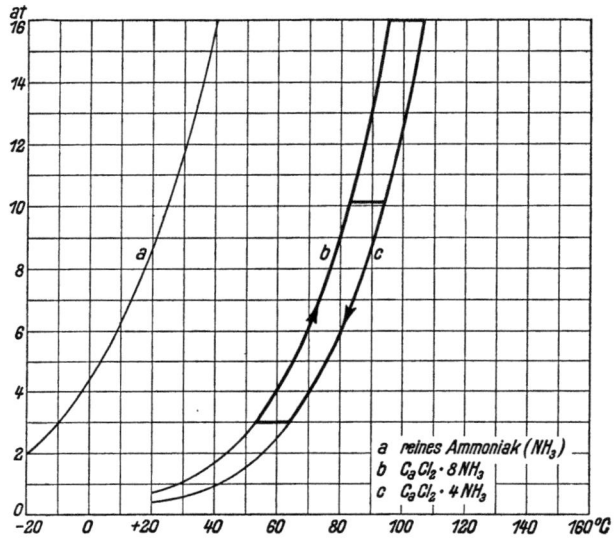

Abb. 21. Dampfdruckkurven der Chlorkalzium-Ammoniak-Verbindungen.

gibt es keine weiteren Dampfdruckkurven, während bei Wasser-Ammoniak für jedes beliebige Mischungsverhältnis eine Dampfdruckkurve besteht. Die Austreibung von 8 auf 4 Mol Ammoniak erfolgt stets auf der Kurve b. Bei Wasserkühlung, d.h. 10 at sind hierzu 83° erforderlich; bei Luftkühlung, d.h. 16 at 95°. Die Austreibung von 4 auf 2 Mol erfolgt auf der Kurve c, d.h. bei 94° bzw. 106°.

Bei einem Druck von 3 at (Verdampfungstemperatur —10°) kann die vollständige Sättigung bis auf 8 Mol noch bei 53° erfolgen, ist also noch bei sehr hoher Außentemperatur möglich. Das ist die höchste erreichbare Sättigung. Ebenso kann die Austreibung bei Luftkühlung genau so weit getrieben werden, wie bei Wasserkühlung, nämlich bis auf 2 Mol. Die Verbindung 8 Mol entspricht 55% Ammoniak auf das Gesamtgemisch bezogen; die Verbindung 2 Mol = 23,4%. Man kann also bei Luftkühlung genau so gut wie bei Wasserkühlung maximal den Arbeitsbereich von 55—23,4% ausnützen. Das Wärmeverhältnis bzw. der Stromverbrauch ist bei diesem System von der Außentemperatur bzw. Art der Kühlung nahezu unabhängig.

Die Anordnung dieser sog. Trockenabsorptionskältemaschine zeigt Abb. 22. Alle notwendigen Bestandteile der Maschine sind in der Abbildung enthalten. Man sieht hieraus, daß diese Maschine auch in der Praxis fast ebenso einfach ist wie das grundlegende Schema der Absorptionsmaschine in Abb. 5. Durch eine besondere Ausbildung des Verdampfers ist eine Wärmeübertragung während der Kochperiode in den Kühlschrank vermieden. Der Zwischenbehälter $Z$ ist nämlich vollständig isoliert vom eigentlichen Kühlschrank. Von ihm führen zwei Rohre in eine Verdampferschlange $V$, die im Kühlschrank selbst liegt. Während der Kochperiode sammelt sich das Kondensat im Zwischenbehälter $Z$. Es kommt also mit dem Kühlschrank selbst gar nicht in Berührung. Die kleine Verdampferschlange $V$ bleibt

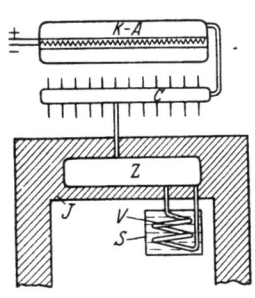

Abb. 22. Anordnung eines luftgekühlten Trockenabsorptions-Kühlschrankes.
$K$—$A$ Kocher-Absorber,
$V$ Verdampferschlange,
$C$ Kondensator, $S$ Solegefäß,
$Z$ Zwischenbehälter,
$J$ Schrankisolation.

meist von der vorhergehenden Kühlperiode noch mit flüssigem Kältemittel gefüllt.

Zu Beginn der Kühlperiode wird zunächst der Zwischenbehälter $Z$ stark gekühlt. Da er gut isoliert ist, geht diese Abkühlung sehr schnell vor sich. Sobald er kühl genug ist, erfolgt die weitere Verdampfung in der Rohrschlange $V$. Damit beginnt die Kühlung des Schrankes. Im Zwischenbehälter $Z$ verdampfen nur noch geringfügige Mengen, weil infolge der Isolation nicht die zur Verdampfung notwendige Wärme herangeführt werden kann. Das in der Schlange $V$ verdampfte Ammoniak wird aus dem Vorrat im Zwischenbehälter $Z$ stets neu ergänzt, solange bis nahezu alles verdampft ist, d. h. bis zum Beginn der nächsten Heizperiode. Die Temperatur im Kühlschrank steigt während der Heizperiode nur deshalb etwas an, weil in dieser Zeit die direkte Kälteleistung unterbrochen wird. Diesen Temperaturanstieg kann man jedoch sehr klein halten, indem man um die Schlange $V$ einen genügend großen Kältespeicher $S$ (Sole) vorsieht. Praktisch werden die Temperaturschwankungen hierdurch auf 2—3° herabgesetzt; sie sind also nicht mehr größer als bei Kompressorschränken.

Infolge Fortfalls der Wasserkühlung kann dieser Kühlschrank auch leicht vollautomatisch betrieben werden. Das Schalten kann dabei entweder durch einen Thermostaten vorgenommen werden oder durch eine Schaltuhr. Letzteres ist das Einfachste.

In Anlehnung an die älteren Wasser-Ammoniakmaschinen beheizte man ursprünglich diese Trockenabsorptionsmaschinen nur einmal innerhalb 24 Stunden. Das hatte den Vorteil, daß man sie ausschließlich mit Nachtstrom betreiben konnte. Nachteilig aber war das große Gewicht und der damit verbundene hohe Verkaufspreis. Durch verschiedene konstruktive Maßnahmen ist es gelungen, bei diesen Ausführungen die Absorption so zu beschleunigen, daß eine

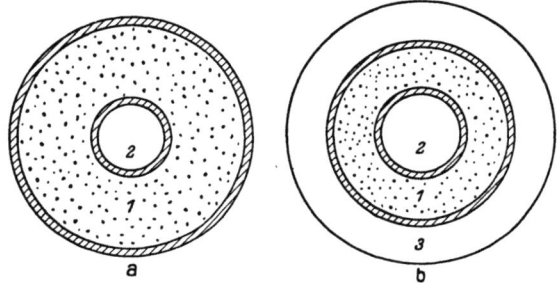

Abb. 23. Schnitt durch den Kocher-Absorber;
*a* beim Einperioden-System; *b* beim Dreiperioden-System.
*1* Salzschicht; *2* Raum für Heizpatrone; *3* Rippen.

volle Periode in acht Stunden durchgeführt werden kann; die Heizung dauert dabei 1½ Stunden, die Absorption 6½ Stunden. Da nunmehr das gesamte Aggregat nur für eine achtstündige Kälteleistung dimensioniert zu werden braucht, anstatt für eine 24stündige, so wird die ganze Apparatur wesentlich leichter und billiger. Die Vorteile sind so in die Augen springend, daß die „Drei-Perioden"-Maschine, die ältere „Ein-Perioden"-Maschine vollständig verdrängt hat.

Erreicht wurde diese Beschleunigung des Absorptionsvorganges durch eine dünnere Salzschicht im Kocher und durch Anbringung von Rippen auf seinem Außenmantel (Abb. 23). Trotz der wesentlich dünneren Salzschicht braucht man beim „Dreiperioden"-System nur einen Kocher, gegenüber zwei Kochern beim Einperiodenschrank. Die drei Heizperioden von je 1½ Stunden werden zweckmäßig automatisch durch eine Schaltuhr gesteuert. Die Heizperioden müssen dabei möglichst gleichmäßig auf 24 Stunden verteilt werden. Um die tariflichen Vorteile des Nachtstromes auszunutzen, wird man dabei die eine Heizperiode zu Beginn der Nachtzeit, die andere zu Ende der Nachtzeit und die dritte Heizperiode in die Mittagszeit verlegen. Da die Netzbelastung im Sommer in den Mittagsstunden ziemlich schwach ist und die Elektrizitätswerke an einer Erhöhung des Stromverbrauches in diesen Stunden Interesse haben, so gewähren viele Werke für alle drei Perioden den Nachtstromtarif, weil sich hierdurch eine Vereinfachung der Zähler und Kontrolleinrichtungen ergibt.

Neben den periodischen Absorptionskältemaschinen existieren noch sog. kontinuierliche. Auf S. 10 sind die kontinuierlichen Absorptionskältemaschinen mit Pumpe und Reduzierventil bereits erklärt. In Anbetracht dessen, daß sie für Haushaltkältemaschinen bisher keine Verwendung gefunden haben, sei von einer näheren Beschreibung hier abgesehen.

Es gibt jedoch auch kontinuierlich arbeitende Absorptions-Haushaltkühlschränke, die Pumpe und Ventile vermeiden. Die Grundgedanken derartiger Maschinen sind folgende: Der notwendige Druckunterschied zwischen Verdampfer und Absorber einerseits und Kocher und Kondensator andererseits, der bei den großen Maschinen durch eine Pumpe aufrechterhalten wird, wird durch ein neutrales Gas ausgeglichen, d. h. in den Verdampfer und Absorber wird soviel Gas eingefüllt, daß derselbe Druck wie im Kocher und Kondensator herrscht. Die Druckunterschiede sind damit beseitigt und daher Pumpe und Ventile überflüssig. Die andere Aufgabe der Pumpe, nämlich für den notwendigen Umlauf der Absorptionslösung zu sorgen, kann man auf eine Weise erreichen, die weiter unten noch beschrieben werden soll.

Das sogenannte neutrale Gas darf natürlich weder mit dem Kältemittel, noch mit dem Absorptionsmittel irgendeine chemische oder physikalische Bindung eingehen. Geeignet sind beispielsweise Luft, Stickstoff, Wasserstoff oder ähnliche Gase. Die Verdampfung des Ammoniaks wird durch die Anwesenheit des neutralen Gases praktisch nicht beeinflußt; nur die Verdampfungsgeschwindigkeit ist geringer, was jedoch durch eine entsprechende Dimensionierung ausgeglichen werden kann. Es sind ähnliche Verhältnisse wie bei der Verdampfung oder besser Verdunstung von Wasser in Anwesenheit von Luft.

Ein Schema einer derartigen Maschine zeigt Abb. 24. Man muß hier drei verschiedene Kreisläufe unterscheiden, erstens den Kreislauf des Absorptionsmittels, zweitens des Kältemittels und drittens des neutralen Gases. Alle drei Medien müssen nämlich einen steten Kreislauf vollführen.

Die Absorptionslösung wird in dem Kocher *I* und dem Spiralrohr *2* geheizt und dadurch der größte Teil des Ammoniaks ausgetrieben. Der Rest, die „arme Lösung" fließt dann durch einen sog. Temperaturwechsler *VI* in den Absorber *IV*, absorbiert dort von neuem Ammoniak und fließt als „reiche Lösung" durch den Temperaturwechsler wieder dem Kocher zu. Der Temperaturwechsler hat die Aufgabe, die aus dem Kocher kommende arme Lösung vorzukühlen und die aus dem Absorber kommende reiche Lösung vorzuwärmen, d. h. also Heizenergie zu sparen. Der Umlauf der Absorptionslösung wird dadurch aufrechterhalten, daß das

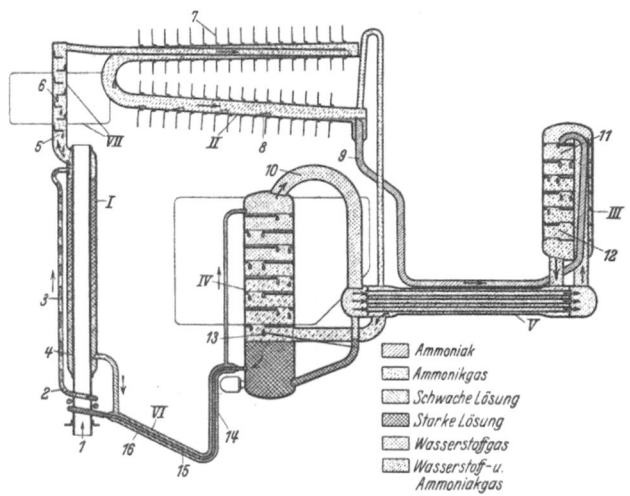

Abb. 24. Schema einer kontinuierlich arbeitenden Absorptionskältemaschine ohne Pumpe und Ventile.

in kleinen Bläschen ausgetriebene Ammoniak in dem engen Rohr *2* und *3* die Flüssigkeit mitreißt und sie so hoch fördert, daß sie durch eigene Schwerkraft weiter umläuft.

Das im Kocher ausgetriebene Kältemittel Ammoniak steigt hoch in den Kondensator *II*, wird dort durch Luftkühlung verflüssigt und fließt durch die Leitung *9* in den Verdampfer *III*. Dort mischt es sich mit dem neutralen Gas, rieselt über die Verdampferbleche herab und verdampft. Das Gasgemisch Ammoniak-Wasserstoff sinkt durch den Gastemperaturwechsler *V* in den luftgekühlten Absorber *IV*, dort wird das Ammoniak wieder absorbiert und gelangt mit der Absorptionslösung zurück in den Kocher, wo der Kreislauf von neuem beginnt.

Nachdem der Absorber alles Ammoniak absorbiert hat, bleibt nur noch der Wasserstoff übrig. Dieser steigt hoch und tritt von neuem durch den Gastemperaturwechsler *V* hindurch in den Verdampfer *III*. Der Gasumlauf des Wasserstoffes zwischen Verdampfer und Absorber wird bewirkt durch den Unterschied der spezifischen Gewichte; denn das Gemisch Ammoniak—Wasserstoff ist schwerer als reiner Wasserstoff.

Diese Kühlschränke werden heute auch mit Luftkühlung betrieben. Im Gegensatz zu den periodischen, bei denen eine kurze Heizperiode mit einer langen Kühlperiode abwechselt, werden die kontinuierlichen dauernd geheizt. Der Verdampfer arbeitet wie bei den meisten heutigen Kompressorschränken ohne Sole, weil eine Kältespeicherung nicht notwendig ist.

Die automatische Temperaturregelung ist im Prinzip dieselbe wie beim Kompressorschrank.

## XI. Die automatischen Regelvorrichtungen.

Für die im vorigen Kapitel besprochenen periodischen Absorptionskühlschränke gelten in bezug auf die Automatik besondere Gesichtspunkte. Die nachfolgenden Überlegungen erstrecken sich hauptsächlich auf Kompressor-Kühlschränke und kontinuierliche Absorptionsschränke.

Eine automatische Regelung von Kühlschränken hat die Aufgabe, im Kühlschrank eine möglichst gleichmäßige Temperatur zu halten, unabhängig von der Außentemperatur und unabhängig von der Beschickung des Schrankes mit Kühlgut. Hierzu gibt es verschiedene Möglichkeiten. Man kann beispielsweise die Regelung in unmittelbarer Abhängigkeit von der Temperatur der Kühlschrankluft vornehmen. Man hat dann einen sog. Raumthermostaten. Diese direkte Regelung wird aber bei Kühlschränken kaum angewendet; sie hat den Nachteil, daß das Kühlaggregat außerordentlich lange laufen würde, wenn der Verdampfer stark vereist ist. Denn die Eisschicht auf dem Verdampfer verschlechtert den Wärmeübergang und bewirkt infolgedessen eine immer tiefere Temperaturabsenkung des Verdampfers.

Eine andere Art der Regelung ist die Regelung nach der Verdampfertemperatur mit dem sog. Verdampferthermostaten. Die Schwierigkeiten mit der Vereisung fallen hier fort. Man hat sogar den Vorteil, daß der Verdampfer automatisch abtaut, wenn man die Wiedereinschalttemperatur auf etwas über $0°$ festlegt. Man regelt mit dieser Methode zwar zunächst die Verdampfertemperatur, damit indirekt aber die Schranktemperatur. Die Schranktemperatur wird praktisch konstant gehalten, steigt allerdings bei zunehmender Belastung etwas an und umgekehrt. Diese Regelung hat noch einen weiteren Vorteil. Wenn die Schwankung der

Schranktemperatur mit $2^0$ zugelassen wird, so beträgt die Schwankung der Verdampfertemperatur etwa $5—10^0$. Ein Verdampferthermostat braucht also nicht so empfindlich zu sein, wie ein Raumthermostat. Der überwiegende Teil aller Kompressorkühlschränke wird heute mit Verdampferthermostat geregelt.

Eine Abart des Verdampferthermostaten ist der Solethermostat. Bei ihm wird der Fühlkörper in die Sole versenkt.

Eine weitere Möglichkeit der Regelung bietet der Pressostat (Druckregler). Er schaltet in Abhängigkeit vom Druck des Kältemittels im Verdampfer. Da der Druck des Kältemittels proportional seiner Temperatur ist, regelt man hiermit wiederum indirekt Verdampfertemperatur und damit die Schranktemperatur. Er verhält sich ähnlich wie der Verdampferthermostat, nur werden die Schwankungen der Kühlschranktemperatur mit wechselnder Belastung ein wenig größer.

Alle die verschiedenen Ausführungen sehen im praktischen Aufbau fast gleich aus. Bei den ersten drei Ausführungen hat man eine biegsame Kupferleitung gefüllt mit einem leicht flüchtigen Medium (Abb. 27). Bei einer Temperaturerhöhung steigt dessen Druck und umgekehrt. Der wechselnde Druck wird auf eine Balgmembran übertragen und deren Ausdehnung zum Schalten benutzt. Bei dem Pressostat steht die biegsame Kupferleitung mit dem Verdampferinnern in direkter Verbindung, so daß dessen Druckschwankungen direkt auf die Membran übertragen werden.

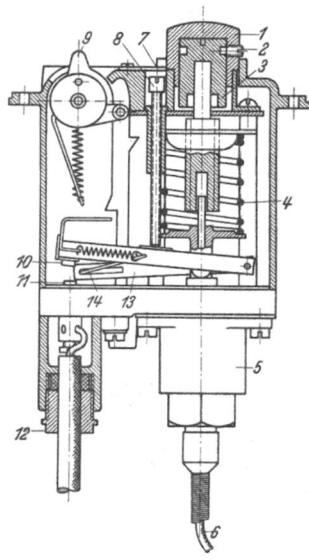

Abb. 25. Schnitt durch einen Thermostaten (Metzenauer und Jung).

Alle neueren Regler gestatten, daß man von außen den Temperaturbereich, innerhalb dessen ein- und ausgeschaltet wird, weitgehend verstellt. Vielfach ist auch noch die Differenz zwischen Aus- und Einschalttemperatur einstellbar.

In Abb. 25 sieht man ein Schema eines solchen Thermostaten. Auf einen einarmigen Hebel *13* wirkt von unten der wechselnde Druck der Balgmembran (in *5*) und von oben der Druck der Feder *4*. Bei steigender Schranktemperatur steigt der Druck in der Membran. Der Hebel *13* wird hochgedrückt, bis die Feder *14* umschnappt und die Kontakte *10* und *11* schließt. Durch Drehen der Kappe *1* wird die Feder *4* verschieden stark vorgespannt und damit der Regelbereich verstellt. Durch Herunterschrauben des Stiftes *8* wird die Temperaturdifferenz verkleinert und umgekehrt. Außerdem ist noch ein Schalterhebel *9* vorhanden. Wird dieser nach rechts gelegt, so schließt die angeklinkte Stange die Kontakte *10* und *11* für dauernd, d. h. der Regler ist überbrückt, das Aggregat kann nur von Hand ausgeschaltet werden (wird für Schnelleiserzeugung ausgenutzt). Wird der Schalthebel *9* nach links herumgelegt, so werden die Kontakte *10* und *11* dauernd offen gehalten, das Aggregat ist also dauernd ausgeschaltet. In der gezeichneten

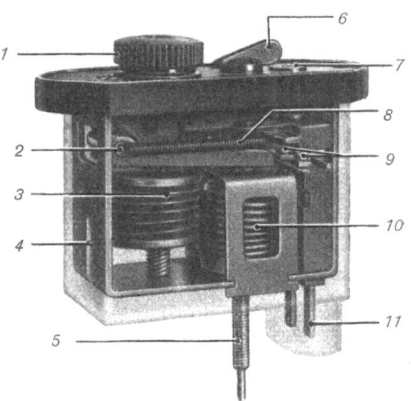

Abb. 26. Thermostat offen (Klöckner).

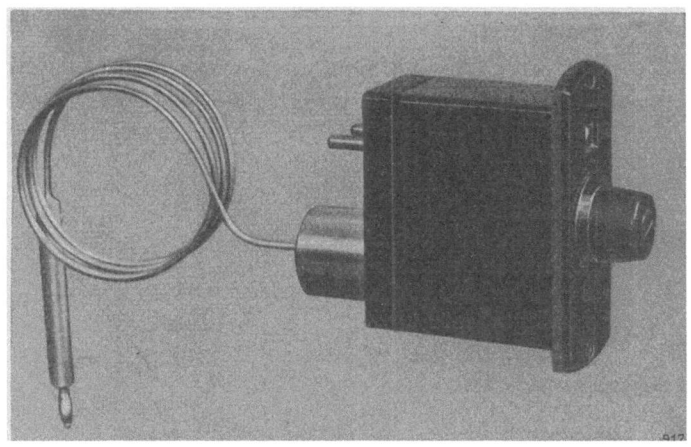

Abb. 27. Verdampferthermostat geschlossen (Concordia).

Mittelstellung kommt die automatische Aus- und Einschaltung zur Wirkung.

Eine ähnliche Ausführung zeigt Abb. 26. Der Unterschied gegenüber der vorigen Ausführung ist der, daß die Membran *10* und die ihr das Gleichgewicht haltende Feder *3* an einem zweiarmigen Hebel eingreifen (Waagebalken). Im übrigen ist die Ausführung ganz ähnlich. Der Hebel *6* hat die gleichen Funktionen wie der Hebel *9* in Abb. 25.

Abb. 27 zeigt einen solchen Verdampferthermostaten mit geschlossenem Gehäuse. Zum Unterschied gegenüber den vorstehenden Ausführungen ist der einstellbare Temperaturbereich nicht an dem Drehknopf selbst, sondern in einem besonderen Fenster sichtbar.

Eine etwas andere Ausführung zeigt Abb. 28. Dieser Regler ist für schwere Anforderungen und feuchte Räume gebaut und kommt im allgemeinen nur für größere Kühlräume in Frage. Er wird als Raum- oder Solethermostat ausgeführt. Der Schalter ist hierbei ein Vakuumschalter. Die Schalterstange *b* wird durch eine Membran und eine ihr entgegenwirkende Feder

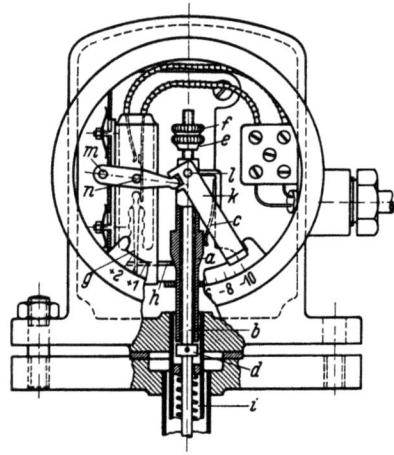

Abb. 28. Thermostat für erschwerte Bedingungen (Siemens-Schuckert).

herauf und heruntergedrückt. Die Membran liegt in einem mit Flüssigkeit gefüllten Fühlkolben (auf der Abbildung nicht dargestellt). Wird die Schaltstange *b* heruntergedrückt, so nimmt sie durch einen Mitnehmer *e* die Hülse *a* ebenfalls mit herunter, die dann mit ihrem konischen Ansatz den Schalthebel *g* nach links drückt, und damit die Kontakte öffnet. Der Vorgang verläuft umgekehrt, wenn die Schaltstange *b* nach oben geht und der Mitnehmer *d* die Hülse *a* wieder nach oben drückt. Durch Herunterschrauben des Anschlages *e* wird die Differenz zwischen Ein- und Ausschalttemperatur verringert und umgekehrt. Durch das Hebelsystem *k* und *n* wird der ganze Vakuumschalter gehoben und gesenkt und damit der Temperaturbereich verändert.

Bei allen diesen Schaltern ist vorausgesetzt, daß es sich nur um die Schaltung von elektrischen Stromkreisen handelt. Müssen auch Gas- und Wasserleitungen automatisch aus- und eingeschaltet werden, dann werden die Schaltorgane erheblich komplizierter; im Rahmen dieser Ausführungen können sie nicht näher beschrieben werden.

# C. Die allgemeinen Gesichtspunkte der Nahrungsmittelkühlung.

## XII. Luftfeuchtigkeit.

Es ist bekannt, daß Luft gewisse Mengen Feuchtigkeit in Dampfform aufnehmen kann. Die Menge der in der Luft enthaltenen Feuchtigkeit ist für die Aufbewahrung von Lebensmitteln außerordentlich wichtig, ebenso wichtig oder noch wichtiger als für die Lebensbedingungen von Menschen. Die Luft kann nun um so mehr Wasserdampf aufnehmen, je wärmer sie ist und umgekehrt. Diese Tatsache ist ja aus dem täglichen Leben bekannt; denn in warmer Luft trocknen alle feuchten Sachen viel schneller als in kalter Luft.

Der Zusammenhang zwischen der Lufttemperatur und der maximalen Feuchtigkeit, die die Luft aufnehmen kann, ist nun ein ganz gesetzmäßiger und in der Kurve in Abb. 29 dargestellt. Die Feuchtigkeit ist dort aufgetragen in Gramm pro Kubikmeter Luft. Man ersieht aus dieser Kurve beispielsweise, daß Luft bei 0° nur ca. 4,9 g Wasserdampf pro Kubikmeter aufnehmen kann, dagegen kann Luft von 20° schon etwa 17,2 g Wasserdampf pro Kubikmeter aufnehmen.

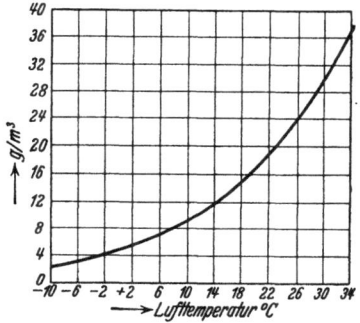

Abb. 29. Maximale Luftfeuchtigkeit (Gramm Wasserdampf pro Kubikmeter Luft) in Abhängigkeit von der Lufttemperatur.

Diese in Abb. 29 dargestellten Mengen sind die höchstmöglichen, die Luft enthalten kann. Führt man der Luft noch mehr Feuchtigkeit zu, so scheidet sich dieser Wasserdampf in Form von Tropfen wieder ab. Man weiß beispielsweise, daß ein Badezimmer an den Wänden vollständig mit Wasser beschlägt, wenn man größere Mengen heißes Wasser in die Wanne laufen läßt.

Hat die Luft bei irgend einer Temperatur ihren höchstmöglichen Feuchtigkeitsgehalt erreicht, so sagt man, sie ist voll gesättigt. Im allgemeinen enthält die Luft jedoch weniger Feuchtigkeit, als sie enthalten könnte. Man drückt das so aus, daß man die tatsächliche Feuchtigkeit in Prozenten von der maximalen Feuchtigkeit wiedergibt. Hat Luft von 20° beispielsweise nur eine Feuchtigkeit von 8,6 g pro Kubikmeter, so sagt man, sie ist zu 50% mit Feuchtigkeit gesättigt, oder die relative Feuchtigkeit beträgt

50%, d.h. mit anderen Worten, die Luft könnte bei dieser Temperatur die doppelte Menge Feuchtigkeit aufnehmen.

Durch Temperatur und relative Feuchtigkeit ist der Zustand der Luft stets gekennzeichnet. Einige Beispiele an Hand der Abb. 29 sollen das veranschaulichen. Angenommen Luft von 18° enthält 13 g Wasserdampf pro Kubikmeter. Aus der Kurve ersieht man, daß die Luft bei 18° maximal 15,3 g pro Kubikmeter enthalten könnte. Die relative Feuchtigkeit beträgt demnach $\frac{13}{15,3} \cdot 100 = 85\%$. — Luft von 6° habe eine relative Feuchtigkeit von 70%. Aus der Kurve ergibt sich, daß die Luft bei 6° maximal 7,3 g Feuchtigkeit enthalten könnte. Hat sie nur 70%, so heißt das, sie enthält in Wirklichkeit nur ca. 5 g pro Kubikmeter.

Aus dieser Überlegung ergibt sich nun folgende wichtige Tatsache. Kühlt man ein bestimmtes Quantum Luft mit einem bestimmten Feuchtigkeitsgehalt ab, so bleibt zwar zunächst die absolute Feuchtigkeit konstant, aber die relative Feuchtigkeit erhöht sich. Kühlt man die Luft immer weiter ab, so erreicht die Luftfeuchtigkeit schließlich den Wert von 100%. Diese Temperatur, bei der die Feuchtigkeit gerade 100% erreicht, nennt man den Taupunkt der Luft. Denn wenn sie nun noch weiter heruntergekühlt wird, scheidet sich der überschüssige Wasserdampf in Form von Wassertropfen ab, d.h. es taut.

Diese Erscheinung ist ja aus der Natur besonders an Sommertagen gut bekannt. Kühlt sich die Luft abends ab, so taut es nach einiger Zeit, d.h. der Boden, vor allem die Pflanzen werden naß. Dieselbe Erscheinung spielt sich im Kühlschrank ab. Die zunächst warme Luft wird schnell heruntergekühlt und erreicht dabei sehr bald ihren Taupunkt; dann wird sie feucht und der Verdampfer beschlägt mit Wasser. Der Taupunkt liegt natürlich verschieden, je nachdem die relative Feuchtigkeit zu Anfang höher oder niedriger ist. Wo er liegt, kann man mit Hilfe der Kurve in Abb. 29 leicht ermitteln.

Erwärmt man dagegen Luft, so wird die prozentuale Feuchtigkeit immer geringer. Auch dies kann man in der Natur beobachten und zwar am besten an einem feuchten, nebligen Herbstmorgen. Erst wenn durch genügende Sonneneinstrahlung die Temperatur hoch genug gestiegen ist, verschwindet der Nebel und die Feuchtigkeit, und je höher die Temperatur steigt, um so trockener wird die Luft. Für den Kühlschrank hat diese umgekehrte Erscheinung wenig Bedeutung.

Die Frage der Luftfeuchtigkeit im Kühlschrank spielt für die Haltbarkeit der Lebensmittel eine außerordentlich große Rolle. Wie weit ihr Einfluß reicht, wird noch in einem späteren Kapitel beschrieben werden. Hier soll zunächst die Frage behandelt werden: Wie groß wird die Feuchtigkeit im Kühlschrank, und wie kann man sie beeinflussen?

Nach kurzer Überlegung und aus der Beobachtung im täglichen Leben folgt, daß die überschüssige Luftfeuchtigkeit sich immer an den kältesten Stellen absetzt. Tritt man im Winter von draußen mit einer Brille in ein warmes Zimmer, so beschlagen die kalten Brillengläser sofort mit Feuchtigkeit. Das hat seinen Grund darin, daß die Luft unmittelbar in der Nähe der Brillengläser stark abgekühlt wird und zwar unter ihren Taupunkt. Infolgedessen setzt sie ihre überschüssige Feuchtigkeit an dieser Stelle ab. Genau dasselbe ist im Kühlschrank der Fall. Aus dem Kapitel VI wissen wir, daß der Verdampfer stets kälter sein muß als der eigentliche Kühlschrank. Die Luft gerät nun im Kühlschrank in eine mehr oder weniger lebhafte Zirkulation. Je kälter der Verdampfer gegenüber dem Kühlschrank ist, um so mehr Feuchtigkeit entzieht er der Kühlluft, d.h. je größer die Temperaturdifferenz zwischen Kühlschrankluft und Verdampfer ist, um so trockener wird die Luft und umgekehrt.

Wir wollen wieder ein Beispiel nehmen: Die mittlere Lufttemperatur im Kühlschrank sei $+6^0$. Der Verdampfer selbst sei außen $-4^0$ kalt. Es sei angenommen, daß die Luft sich bei dem Vorbeistreichen an dem Verdampfer auf etwa $0^0$ abkühlt. Sie gibt dabei soviel Feuchtigkeit ab, daß sie bei $0^0$ noch gerade voll gesättigt ist, d.h. sie enthält nach dem Vorbeistreichen noch 4,9 g Feuchtigkeit pro Kubikmeter. Sie erwärmt sich aber kurz darauf wieder auf $6^0$ und könnte infolgedessen nach Abb. 29 7,3 g pro Kubikmeter Feuchtigkeit enthalten. Ihre relative Feuchtigkeit ist infolgedessen $\frac{4,9}{7,3} \cdot 100 = 67\%$.

Ein weiteres Beispiel: Die Kühlschrankluft sei wieder $+6^0$, die Außenwand des Verdampfers jedoch nur $+2^0$. Wir können nun annehmen, daß sich die Luft beim Vorbeistreichen am Verdampfer auf $+4^0$ abkühlt. Hierbei gibt sie soviel Feuchtigkeit ab, daß sie nur noch 6,4 g pro Kubikmeter enthält (s. Abb. 29). Die relative Feuchtigkeit beträgt in diesem Falle $\frac{6,4}{7,3} \cdot 100 = 87,5\%$. Die Luftfeuchtigkeit ist demnach im zweiten Falle erheblich höher als im ersten.

Dies ist auch der Grund, weshalb gewöhnliche Eisschränke meist höhere Feuchtigkeit haben als elektrische Kühlschränke. Bei elektrischen Kühlschränken ist es immer möglich, den Verdampfer auf eine Temperatur unter $0^0$ zu bringen, während dies beim gewöhnlichen Eisschrank nicht möglich ist. Beim letzteren kommen allerdings noch verschiedene Umstände hinzu. So ist manchmal die Kühlfläche so ungünstig angeordnet, daß das niedergeschlagene Wasser wieder abtropfen kann und damit wieder in den Kühlraum kommt. Hier verdampft es von neuem und erhöht außerdem den durchschnittlichen Feuchtigkeitsgehalt.

Das wichtige Ergebnis dieser Untersuchung ist folgendes: Je kälter der Verdampfer im Verhältnis zur Kühlschrankluft, um so geringer die Luftfeuchtigkeit und umgekehrt.

Beim Öffnen des Kühlschrankes kommt eine große Menge warmer Luft hinein. Diese muß heruntergekühlt und ihre überschüssige Feuchtigkeit am Verdampfer niedergeschlagen werden. Dies nimmt eine gewisse Zeit in Anspruch. Infolgedessen ist ein Kühlschrank, der häufig geöffnet wird, im Durchschnitt feuchter als ein Kühlschrank, der nur selten geöffnet wird.

Auch die Lebensmittel, die in den Schrank gestellt werden, geben Feuchtigkeit ab. Um diese Feuchtigkeitsabgabe gering zu halten, sollte man daher Flüssigkeiten nur zugedeckt in den Schrank stellen, wenn man nicht gerade eine durch die Flüssigkeitsverdunstung beschleunigte Abkühlung erstrebt.

## XIII. Die für den Schrankbau maßgebenden Gesichtspunkte.

Ein großer Teil der Kälteleistung wird dazu verbraucht, um die durch die Wände des Kühlschrankes hindurchtretende Wärme zu kompensieren. Demgegenüber ist die eigentliche Nutzkälteleistung, d. h. also die Kälteleistung, die notwendig ist, um das warme Kühlgut auf die Schranktemperatur herunterzukühlen bzw. um Eis zu erzeugen, nur gering.

Der erste Teil der Kälteleistung beträgt bei kleinen Kühlschränken bis zu 80% der Gesamtkälteleistung. Der prozentuale Anteil ist um so größer, je kleiner der Schrank ist. Das hat seinen Grund in folgendem. Hat ein Kühlschrank $B$ nur einen halb so großen Inhalt wie ein Kühlschrank $A$, so beträgt seine Oberfläche etwa 63% von der des Kühlschrankes $A$. Ist der Kühlschrank $B$ nur ein Viertel so groß wie der Kühlschrank $A$, so beträgt seine Oberfläche ca. 40%. Man ersieht daraus, daß die Oberfläche viel langsamer abnimmt als der Inhalt, d. h. kleine Kühlschränke haben prozentual eine sehr große Oberfläche und damit prozentual große Kälteverluste. Die Menge der Speisen, die man in einen Kühlschrank hineinstellen kann, ist proportional seinem Inhalt; und so wird die eigentliche Nutzkälteleistung prozentual immer kleiner im Verhältnis der zur Deckung der eingestrahlten Wärme notwendigen Kälteleistung.

Hieraus folgt die Wichtigkeit einer guten Isolation. Je stärker die Isolation ist, um so geringer ist die hindurchtretende Wärmemenge. Ein Schrank mit einer Isolation von 10 cm ist in dieser Beziehung doppelt so gut wie ein Schrank mit einer Isolation von

## Die für den Schrankbau maßgebenden Gesichtspunkte.

5 cm. Andererseits sollte man aus Preisrücksichten eine gewisse Isolationsstärke nicht überschreiten. Je stärker die Isolation ist, um so höher sind die Anschaffungskosten und der Platzbedarf, aber um so geringer die Betriebskosten pro Tag. Je geringer die Isolationsstärke ist, um so geringer sind die Anschaffungskosten, aber um so höher die Betriebskosten. Hier einen wirtschaftlich günstigen Wert herauszufinden, ist natürlich nicht so einfach; schon aus dem Grunde nicht, weil die Strompreise überall verschieden sind. Jedenfalls kann man sagen, daß man im allgemeinen einen Kompressorschrank weniger stark isoliert als einen Absorptionskühlschrank; denn der Kompressorschrank hat eine ziemlich gute Leistungsziffer und einen verhältnismäßig geringen Energieverbrauch, so daß es nicht viel ausmacht, wenn er einige Kalorien Kälte mehr verzehrt. Bei Absorptionskühlschränken ist dagegen die Leistungsziffer ungünstiger; man muß wegen des höheren Energieverbrauches alle Verluste sorgfältig klein halten und daher eine stärkere Isolation wählen.

Man wählt heute für die Kompressorschränke etwa 5—8 cm und für Absorptionskühlschränke etwa 8—12 cm Isolationsstärke. Unter sonst gleichen Umständen ist natürlich der Schrank als der bessere anzusehen, der die stärkere Isolation hat, vorausgesetzt, und hier kommen wir zu einem sehr wichtigen Punkt, daß die Isolation von derselben Qualität ist. Als bester Isolierstoff gilt heute allgemein Expansitkork entweder in Plattenform oder als Korkschrot. Auch Kapok hat eine vorzügliche Isolationswirkung. Neuerdings versucht man, andere gleichwertige Isolationsmaterialien zu finden; ein abschließendes Urteil ist aber noch nicht möglich.

Ebenfalls von großer Wichtigkeit für die Isolation ist die Frage der Feuchtigkeitsbeständigkeit. Die Isolation soll nach außen hin luftdicht abgeschlossen sein, damit keine Feuchtigkeit eindringen kann. Denn sonst besteht die Gefahr, daß der Kork, wenn er nicht richtig vorbehandelt ist, muffig wird und diesen Geruch auf die Speisen überträgt.

Die Innenauskleidung des Schrankes sollte ebenfalls sorgfältig beachtet werden. Die billigste und bei Eisschränken meist ausgeführte Innenbekleidung ist rohes Zinkblech. Sie hat den Nachteil, daß sie nach einiger Zeit unansehnlich wird, wenn sie nicht geputzt wird, hat sich im übrigen aber durchaus bewährt.

Ohne Frage die beste Innenbekleidung ist vollständig emailliertes Stahlblech. Sie hat den Vorteil einer absoluten Geruchlosigkeit, einer leichten Reinigungsmöglichkeit und eines eleganten Aussehens.

Gestrichene Blech- oder Holzinnenbekleidung ist im allgemeinen nicht zu empfehlen, da es keinen vollständig geruchlosen Lack gibt.

Bei der Innenbekleidung soll man darauf achten, daß keine scharfen, sondern nur gut abgerundete Kanten vorhanden sind, damit sich der Schrank richtig reinigen läßt.

Als Außenbekleidung wählt man entweder Holz oder Eisenblech. Holz verwendet man hauptsächlich bei gewöhnlichen Eisschränken und lackiert es weiß oder naturfarben. Wenn man nicht ganz trocken abgelagertes Holz verwendet, arbeitet das Holz nach, und der Lack reißt an einigen Stellen auf. Dies sieht natürlich gerade bei weißer Lackierung unschön aus. Sonst aber bestehen bei richtiger Verwendung kaum Bedenken gegen Holz als Außenbekleidung.

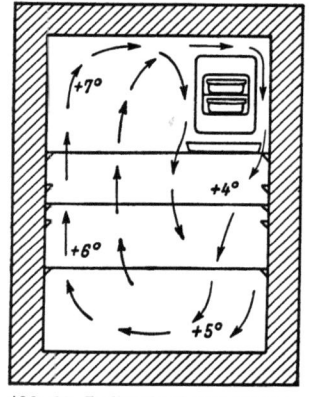

Abb. 30. Luftumlauf und Temperaturverteilung in einem Kühlschrank.

Bei den elektrischen Kühlschränken, wenigstens bei den kleineren in Serie hergestellten Typen, verwendet man meistens Stahlblechausführung. Als Lack wählt man im wesentlichen Nitrozelluloselacke, die große Widerstandsfähigkeit mit elegantem Aussehen und guter Abwaschbarkeit verbinden. Bei Luxusausführungen findet man auch als Außenbekleidung emailliertes Stahlblech. Technisch bringt das natürlich keine Verbesserung, sondern muß als reine Luxusausführung bezeichnet werden.

Die Beschläge, d. h. die Schlösser und Scharniere, beanspruchen ebenfalls Aufmerksamkeit. Man verwendet heute vernickelte, verchromte oder versilberte Beschläge. Die Schlösser sollen ein gutes und dichtes Schließen der Türen gewährleisten und nach Möglichkeit von selbst einschnappen.

Die Türen müssen sorgfältig mit einem elastischen Material abgedichtet sein. Bei undichten Türen dringt eine Menge warmer Luft in den Kühlschrank, macht diesen übermäßig feucht und verzehrt unnütz Kälteleistung. Jeder gute Kühlschrank hat daher einen Dichtungsfalz aus nachgiebigem Material. Man überzeuge sich stets, ob dieser Falz bei richtigem Schließen der Türen auch genügend gut dichtet.

Eine wichtige Frage beim Bau von Kühlschränken ist die Anordnung des Verdampfers. Die am Verdampfer abgekühlte Luft sinkt infolge ihres größeren spezifischen Gewichtes nach unten, erwärmt sich an den Wänden und Speisen und steigt dann wieder nach oben. Bei seitlicher Anordnung des Verdampfers, wie sie Abb. 30 zeigt, gerät dabei die Luft in einen ausgesprochenen Kreislauf, der durch Pfeile angedeutet ist. Gerade bei dieser seitlichen Anordnung ist der Luftumlauf ziemlich kräftig. Neuerdings setzt man, speziell bei größeren Schränken, den Verdampfer gern in die Mitte. Die kalte Luft sinkt dann in der Mitte nach unten und steigt rechts und links wieder auf. Die mittlere Anordnung des Verdampfers hat den Vorteil, daß er von allen Seiten zugänglich ist und stets leicht sauber gehalten werden kann.

Der Luftumlauf bringt automatisch eine gewisse Temperaturschichtung mit sich. Die tiefste Temperatur ist naturgemäß unmittelbar unter dem Verdampfer, die höchste oben neben dem Verdampfer, also dort, wo die Luft kurz vor Beendigung ihres Umlaufes wieder zum Verdampfer zurückkehrt. Je nach der Größe des Schrankes sind die Temperaturunterschiede zwischen der kältesten und wärmsten Stelle etwa 2—4°. In Abb. 30 ist eine derartige Temperaturverteilung eingetragen.

Die Temperaturunterschiede innerhalb des Schrankes können unter Umständen erwünscht sein. Es gibt eine Reihe Lebensmittel, die man tief kühlen muß, vor allem beispielsweise Milch, und wieder andere, die man nicht so tief kühlen möchte, beispielsweise Obst und die Butter für den täglichen Gebrauch. Wenn die Hausfrau also einigermaßen darüber unterrichtet ist, welche Lebensmittel tiefer und welche weniger tief gekühlt werden sollen, so kann man das Vorhandensein von Temperaturunterschieden im Kühlschrank als sehr angenehm empfinden.

## XIV. Die Bedingungen für günstige Lebensmittellagerung.

Es ist eine durch tägliche Erfahrung gewonnene Erkenntnis, daß nur die viel Wasser enthaltenden Speisen und Lebensmittel zu den leichtverderblichen gezählt werden können. Frisches Obst und Gemüse, frisches Fleisch, Milch usw. verderben im Sommer nach wenigen Tagen, während andere Lebensmittel, wie getrocknete Früchte, Hülsenfrüchte, auch Brot und Backwaren sich erheblich länger halten. Eine gewisse Ausnahme von dieser Regel machen vielleicht nur die Fette, vor allem die Butter, die zwar wenig Wasser enthält und doch nach verhältnismäßig kurzer Zeit minderwertig werden kann. Das liegt daran, daß die Butter nicht in dem gewöhnlichen Sinne verdirbt, sondern daß die Fette unter Wasseraufnahme gespalten werden in Glyzerin und Fettsäure; man nennt das ranzig werden.

Das Verderben der Lebensmittel wird hervorgerufen durch

kleinste Lebewesen, wie Schimmel, Hefepilze, Bakterien usw. Man kann im großen und ganzen zwei Wege unterscheiden. Die Lebensmittel werden entweder sauer, oder sie werden faul. Sauer werden vor allem Lebensmittel, die Zucker und Stärke enthalten. Eine Fäulnis tritt hauptsächlich bei den Lebensmitteln auf, die Eiweiß enthalten. Eine Eiweißzersetzung ruft den von faulen Eiern bekannten Geruch hervor. Die letztere Art der Zersetzung ist besonders gefährlich; denn hier können sich bereits nach kurzer Zeit gesundheitsgefährliche Gifte bilden.

Die Vermehrung dieser kleinsten Lebewesen hat zwei wichtige Voraussetzungen, die im allgemeinen gleichzeitig vorhanden sein müssen, das sind Feuchtigkeit und Wärme. Auch bei den normalen Pflanzen sind Feuchtigkeit und Wärme für das Wachstum notwendig. In der Kälte und in übergroßer Trockenheit entwickeln sich die Pflanzen nicht. Die wichtigsten Mittel gegen das Verderben von Lebensmitteln sind daher Trockenheit und Kälte. Eine Abtötung der Bakterien ist im allgemeinen nicht möglich. Selbst durch übergroße Kälte, wie auch durch übergroße Wärme lassen sich nicht immer alle Bakterien restlos töten. Dazu kommt, daß überall in der Luft Bakterien umherschwärmen, die alle Lebensmittel, auch die gerade von Bakterien befreiten, befallen und sich auf ihnen zu vermehren beginnen.

Im allgemeinen kann man sagen, daß das Wachstum der Bakterien um so mehr gehindert wird, je tiefer die Temperatur liegt, d.h. die Haltbarkeit der Lebensmittel ist um so größer, je kühler sie lagern. Eine sehr große Lagerdauer von mehreren Monaten ist nicht bei allen Lebensmitteln, und meist nur durch Einfrieren möglich. Wir wissen, daß Gefrierfleisch von Südamerika und von Australien nach Europa kommt und trotz langen Transportes und Lagerung bei richtiger Behandlung dem frischen Fleisch kaum nachsteht. Die Behandlung und Lagerung in diesem Zustande ist jedoch Sache der Lebensmittelindustrie und des Großhandels und soll hier nicht besprochen werden.

Im Haushalt handelt es sich ja nur um eine Aufbewahrung über mehrere Tage, unter Umständen nur über mehrere Stunden. Es genügt daher vollkommen, wenn die Lebensmittel in Temperaturen von etwa $+6$ bis $+8°$ aufbewahrt werden. Eine günstigste Temperatur für die Aufbewahrung gibt es meist nicht, sondern nur einen günstigen Temperaturbereich. Wie oben bereits gesagt, je tiefer die Temperatur ist, um so günstiger ist im allgemeinen die Aufbewahrung. Es ist aber eine falsche Auffassung, wenn man annehmen würde, daß sich verderbliche Lebensmittel in einem guten Kühlschrank beliebig lange halten können.

## Die Bedingungen für günstige Lebensmittellagerung. 55

Um einen Überblick zu geben, wie stark Bakterien sich vermehren können, sei auf die Abb. 31 verwiesen [1]. Dort ist die Anzahl der Bakterien angegeben, die bei verschiedenen Temperaturen nach 24 Stunden in einem Kubikzentimeter frischer Milch enthalten sind. Beste Säuglingsmilch enthält etwa 2500 Keime pro Kubikzentimeter. Dies ist bereits ein hoher Grad von Reinheit für frische Milch. Aus der Kurve $D$ ersieht man, daß bei $+7^0$ eine deutliche und schnelle Aufwärtsentwicklung der Bakterien beginnt. Bei $+12^0$ ist die Entwicklung bereits so schnell, daß man die Kurve in 10fachem Maßstabe darstellen muß, um noch eine Übersicht zu behalten. Bei den höheren Temperaturen von $+21$ bis $+30^0$ mußten die Maßstäbe noch viel größer gewählt werden. Denn bei einer Lagerung bei $23^0$ ist die Anzahl der Keime nach 24 Stunden unter sonst gleichen Bedingungen bereits 25 Millionen pro Kubikzentimeter. Man ersieht also hieraus, wie ungeheuer rasch sich bei hohen Temperaturen die Bakterien vermehren.

Es sollen nun für einige der wichtigsten Lebensmittel die günstigsten Kühlbedingungen durchgesprochen werden.

Bei der Fleischkühlung kommt es neben der Temperatur wesentlich auf den Feuchtigkeitsgehalt der Luft an. Man muß stets vermeiden, daß die Oberfläche des Fleisches feucht ist. Im Schlachthof

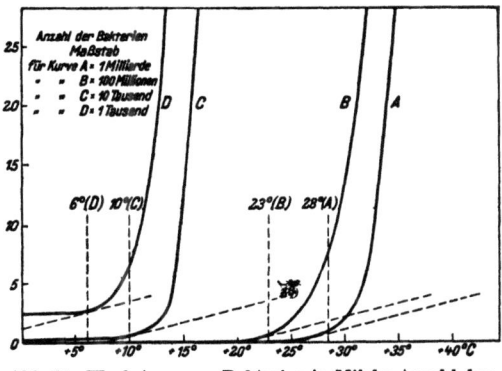

Abb. 31. Wachstum von Bakterien in Milch; Anzahl der Bakterien pro Kubikzentimeter nach 24 Stunden bei verschiedenen Außentemperaturen.

wird das frisch geschlachtete Fleisch sofort in den Kühlraum gebracht und möglichst schnell auf etwa $0^0$ bis $+2^0$ heruntergekühlt. Es ist übrigens eine nicht überall bekannte Tatsache, daß frisch geschlachtetes Fleisch, insbesondere Rindfleisch, unschmackhaft, schwer zu kauen und zu verdauen ist. Erst bei einer mehrtägigen Lagerung im Kühlraum tritt das sog. Reifen des Fleisches ein. Dieses Reifen wird durch Einwirken der Fleischmilchsäure und durch langsames Lösen der Muskelstarre erreicht und benötigt im allgemeinen eine Zeit von 4—8 Tagen.

Je höher man den Feuchtigkeitsgehalt der Luft wählt, um so geringer ist der Gewichtsverlust des Fleisches; denn wenn die Luft zu trocken ist, wird das Fleisch austrocknen und sowohl an Gewicht als an Geschmack verlieren. Andererseits darf aber der Feuchtigkeitsgehalt auch nicht zu groß sein, damit das Wachs-

---

[1] Aus Bulletin 98, U. S. Departement of Agriculture, 88 pp. 1914.

tum von Bakterien und Schimmelpilzen auf jeden Fall gehemmt wird.

Über den Zusammenhang zwischen Temperatur, Feuchtigkeitsgehalt und Bakterienwachstum bei Fleisch hat kürzlich Loeser interessante Versuchsergebnisse veröffentlicht [1]. Aus den zahlreichen Versuchen seien die Ergebnisse bei +3° Lagertemperatur herausgegriffen. In Abb. 32 ist die Anzahl der Bakterien pro Quadratzentimeter Fleischoberfläche bei verschiedenem Feuchtigkeitsgehalt und verschiedener Lagerdauer aufgetragen. Man erkennt hieraus den großen Einfluß der relativen Feuchtigkeit. Je höher die Feuchtigkeit, um so stärker die Vermehrung der Bakterien. Der Übergang zwischen gut und unbrauchbar ist gekennzeichnet durch die strichpunktierte Linie. Weitere Kurven, die hier nicht angeführt werden können, zeigen, daß das Wachstum der Bakterien bei +6° bereits erheblich stärker und bei 0° schon bedeutend schwächer ist.

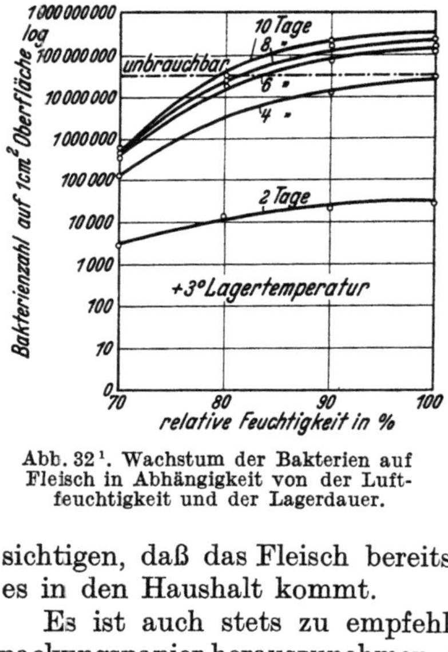

Abb. 32 [1]. Wachstum der Bakterien auf Fleisch in Abhängigkeit von der Luftfeuchtigkeit und der Lagerdauer.

Im Haushalt handelt es sich ja nun nicht um mehrwöchentliche Aufbewahrung, daher kann man auch etwas höhere Temperaturen zulassen. Die Feuchtigkeit sollte jedoch möglichst 80% nicht übersteigen, da durch das Türöffnen die Luftfeuchtigkeit vorübergehend sowieso stark erhöht wird. Man muß ja auch berücksichtigen, daß das Fleisch bereits längere Zeit gelagert hat, wenn es in den Haushalt kommt.

Es ist auch stets zu empfehlen, das Fleisch aus dem Verpackungspapier herauszunehmen, auf einen Teller zu legen und mit einem sauberen Tuch außen sorgfältig abzutrocknen. Bewahrt man es so in kalter, trockener Luft auf, so bildet sich eine dünne, trockene Außenschicht, die ein befriedigendes Frischhalten gewährleistet.

Bei der Milchkühlung ist tiefe Temperatur unbedingt erforderlich. Die Abkühlung muß sofort nach dem Melken geschehen und zwar bis auf etwa +2° herunter, in besonderen Milchkühlern, die schnelle Kühlung gestatten. Ebenso muß die Milch auf dem Transport, im Milchverkaufsgeschäft und auch im Haushalt stets kühl gehalten werden. Im Gegensatz zu Fleisch, das bei richtiger Behandlung durch Gefrierenlassen keine Geschmacksveränderung

---

[1] Z. VDI. April 1934 Nr. 17, S. 536.

## Die Bedingungen für günstige Lebensmittellagerung. 57

erleidet, sollte man Milch nicht frieren lassen; denn es tritt dabei eine Trennung von Rahm und Magermilch ein, deren Wiedervereinigung beim Auftauen Schwierigkeiten bereitet und die Qualität vermindert. Erst in neuerer Zeit hat man durch besonders schnelle Kühlung mit sehr tiefen Temperaturen diese Schwierigkeiten vermindert.

Ein Mittel, um die Haltbarkeit der frischen Milch zu verlängern, ist das Abkochen oder noch besser das Pasteurisieren. Das Pasteurisieren besteht darin, daß man die Milch etwa eine halbe Stunde lang auf einer Temperatur von 62—65° hält. Danach muß sie jedoch so schnell wie möglich wieder tief gekühlt werden. Eine gänzliche Abtötung aller Bakterien ist allerdings weder durch Pasteurisieren, noch durch Kochen mit Sicherheit zu erreichen, so daß auch diese Maßnahmen die Haltbarkeit der Milch höchstens um einige Tage verlängern können. Einwandfreie Zahlen über die Haltbarkeit der Milch im Kühlschrank lassen sich nicht geben, weil der Anfangszustand der Milch außerordentlich verschieden ist. Abgesehen vom Gesundheitszustand der Tiere ist die Haltbarkeit weitgehend abhängig von der Sauberkeit beim Melken und der raschen Tiefkühlung. Jedenfalls kann man damit rechnen, daß gute, richtig gewonnene Milch sich im Kühlschrank im rohen Zustand und in geschlossenen Flaschen etwa 6—8 Tage lang frisch hält. Das ist also für den Haushalt mehr als genug.

In Rücksicht darauf, daß die Milch stets schnell abgekühlt und sehr kühl gehalten werden soll, setzt man sie zweckmäßig an die kälteste Stelle im Kühlschrank. Dies ist nach den vorherigen Ausführungen die Stelle unmittelbar unter dem Verdampfer. Es ist natürlich empfehlenswert, sie in einem geschlossenen Gefäß in den Kühlschrank hineinzustellen.

Die Aufbewahrung von Gemüse ist ebenfalls eine wichtige Aufgabe des Kühlschrankes. Infolge ihres großen Wassergehaltes und ihrer großen Oberfläche trocknen die Gemüse sehr schnell aus. Man sagt, sie welken. Diese Erscheinung beobachtet man an heißen Tagen bereits nach mehreren Stunden. Auch im Kühlschrank kann ein Welken und Trocknen stattfinden, wenn der Feuchtigkeitsgehalt des Schrankes zu gering ist. Es ist daher die beste Lösung, wenn man für Gemüse im Kühlschrank einen kleinen abgetrennten Raum vorsieht, der mit dem übrigen Raum keine oder nur eine kleine Verbindung besitzt. Das einfachste ist, man nimmt ein größeres Glas oder einen Topf und bewahrt das Gemüse in diesem getrennt auf. Es stellt sich dann hier von selbst durch das Ausdünsten ein höherer Feuchtigkeitsgehalt ein, der für das Frischhalten des Gemüses von großer Bedeutung ist. Im Prinzip ist dies dieselbe Methode, die in jedem Haushalt vom Frischhalten des Brotes in einer Blechbüchse bekannt ist. Es ist möglich, auf diese Weise beispielsweise Kopfsalat eine Woche lang frisch zu halten.

Eine andere Möglichkeit besteht darin, daß man das Gemüse in ein Öl- oder Wachspapier einschlägt und dies in den Kühlschrank legt. Die Temperaturen, die zur Kühlhaltung notwendig sind, sind im allgemeinen nicht so tief wie die Temperaturen für Milch. Man kann das Gemüse daher ruhig im obersten Fach des Schrankes aufbewahren, d. h. dort, wo es am wärmsten ist.

Ganz ähnlich verhält es sich mit dem Obst. Auch frisches Obst verlangt einen verhältnismäßig hohen Feuchtigkeitsgehalt. Andererseits muß man aber darauf achten, daß das Obst nicht von vornherein in feuchtem Zustand in den Schrank hineinkommt. Am besten ist es, die möglichst trockenen Früchte in einer Schale mit lose schließendem Deckel aufzubewahren (Waschen erst unmittelbar vor Gebrauch!). Auch bezüglich Temperaturen gilt für Obst ähnliches wie für Gemüse. Es genügt, Obst in dem obersten Fach aufzubewahren. Das einzige Obst, bei dem man eine gewisse Vorsicht walten lassen muß, sind Bananen; denn diese sollten keine tieferen Temperaturen als $10^0$ annehmen.

Butter soll, wenn sie längere Zeit aufbewahrt wird, auch sehr kühl lagern. Man bringt sie daher zweckmäßig in die Nähe der Milch, also an der kältesten Stelle des Kühlschrankes unter. Nur die Butter, die dem täglichen Gebrauch dient, sollte möglichst an der wärmsten Stelle im Kühlschrank aufbewahrt werden; denn sie ist sonst so hart, daß sie sich nicht streichen läßt.

Fisch verlangt für die Aufbewahrung sehr tiefe Temperaturen. Man sollte ihn zunächst außen sorgfältig abtrocknen und dann auf Eis legen. Hierzu verwendet man zweckmäßig die Tropfschale unter dem Verdampfer, die man mit Eiswürfeln aus der Eislade füllt. Eine längere Aufbewahrung für Fisch ist nicht zu empfehlen; man sollte Fisch hauptsächlich nur für den Verbrauch am gleichen Tage einkaufen.

Eine wichtige Frage für den Haushaltkühlschrank ist die Geruchübertragung. Es gibt eine Reihe Lebensmittel, die einen intensiven Eigengeruch haben und wieder andere, die gegen Geruch sehr empfindlich sind und jeden Geruch anziehen. Zu den ersteren gehört hauptsächlich Fisch, Käse und Gemüse, zu den letzteren hauptsächlich Butter und feine Wurstwaren. Um eine Geruchübertragung zu vermeiden, sollte man soweit wie möglich alle diese Lebensmittel in geschlossenen Gefäßen aufbewahren oder wenigstens mit einem Teller zudecken. Dann wird die Geruchübertragung so gering, daß sie den Geschmack nicht nachteilig beeinflußt.

Einige spezielle Ausführungen von Kompressorkühlschränken. 59

Es kommt dazu, daß der Schneeansatz, der sich im allgemeinen am Verdampfer bildet, bereits in sehr wünschenswerter Weise Gerüche absorbiert. Es ist daher zweckmäßig, stark riechende Lebensmittel in dem obersten Fach des Kühlschrankes aufzubewahren. Denn die Luft gelangt bei ihrer Zirkulation durch den Schrank unmittelbar hinterher an den Verdampfer und gibt ihren Geruch zum größten Teil an den Schnee ab. Auf diese Weise bleiben die übrigen Speisen weitgehend unbeeinflußt. Im Interesse einer möglichst geringen Geruchübertragung ist es auch vorteilhaft, einen kräftigen Luftumlauf zu haben.

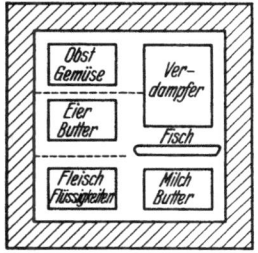

Abb. 33. Zweckmäßige Anordnung der Lebensmittel in einem Kühlschrank.

Die Abb. 33 zeigt schematisch einen Kühlschrank mit seitlich angeordnetem Verdampfer. In allen Fächern ist angegeben, welche Art Lebensmittel in ihnen untergebracht werden sollen. Diese Anordnung ist natürlich keine notwendige; doch dürfte es zweckmäßig sein, sich ungefähr nach ihr zu richten.

## D. Besondere Ausführungsformen von Kühlschränken.

### XV. Einige spezielle Ausführungen von Kompressorkühlschränken.

#### a) Mit Stopfbuchse.

Der „Ate"-Kühlschrank wird von der Firma Alfred Tewes, Frankfurt a. Main hergestellt. Verwendet werden Zweizylinder-Kolbenkompressoren mit Riemenantrieb und automatischer Schleuderschmierung. Als Kältemittel wird Chlormethyl benutzt. Bei den Haushaltkühlschränken werden Trockenverdampfer mit Expansionsventil verwendet; bei den größeren Überflutungsverdampfer mit Schwimmerregulierung. Die Temperaturregelung erfolgt durch Thermostat bzw. Pressostat.

Es werden vier Haushaltmodelle gebaut. Bei den kleinen liegt das Aggregat oben, bei den übrigen Modellen unten. Außerdem werden eine große Anzahl gewerblicher Modelle hergestellt. Abb. 34 zeigt das Kühlaggregat für die kleinen Haushaltschränke.

Die „DKW"-Kühlschränke werden von der Deutschen Kühl- und Kraftmaschinengesellschaft in Scharfenstein gebaut. Der Kompressor ist ein Rotationskompressor, bei den kleineren Modellen direkt angetrieben, bei den größeren durch Keilriemen. Die

Tourenzahl der direkt angetriebenen liegt bei etwa 1400 pro Minute die der anderen zwischen 350 und 1000. Die Schmierung erfolgt durch eine eingebaute Öldruckpumpe. Das Kältemittel ist $SO_2$.

Abb. 34. Kühlaggregat des Ate Kühlschrankes.

Der Verdampfer ist bei den größeren Schränken ein Überflutungsverdampfer mit Schwimmerventil. Als Regler wird ein Pressostat verwendet. Haushalt- und Gewerbeschränke werden von 0,12 bis 4,0 m³ gebaut. Abb. 35 zeigt das Aggregat eines kleinen Schrankes mit direkt gekuppeltem Kompressor.

Der „Eisfink" wird von der Firma Carl Fink in Asperg hergestellt. Der Kompressor ist ein stehender, einfach wirkender Kolbenkompressor. Als Kältemittel wird Chlormethyl verwendet. Die Verdampfer werden sowohl als Trocken- wie auch als Überflutungsverdampfer gebaut. Abb. 36 zeigt das Aggregat eines kleinen Haushaltkühlschrankes, von denen verschiedene Größen gebaut werden.

Abb. 35. Kühlaggregat des DKW Kühlschrankes.

Einige spezielle Ausführungen von Kompressorkühlschränken. 61

Der „Frigidaire"-Kühlschrank ist ein Fabrikat der Gesellschaft gleichen Namens, einer Tochtergesellschaft der General Motors. Die „Super"-Modelle arbeiten mit $SO_2$ als Kältemittel. Als Reduzierventil wird ein Schwimmerventil verwendet, das auf der Hochdruckseite liegt. Der Zweizylinderkompressor wird über einen Keilriemen vom Motor angetrieben, der wippend aufgebaut ist, und daher mit seinem ganzen Gewicht als Riemenspanner dient. Abb. 37 zeigt das Kühlaggregat.

Abb. 36. Kühlaggregat des Eisfink Kühlschrankes.

Als Schalter wird ein Verdampferthermostat benutzt, der mit einer halbautomatischen Abtauvorrichtung versehen ist. Die Ab-

Abb. 37. Kühlaggregat des Frigidaire-Kühlschrankes.

tauvorrichtung wird von Hand eingeschaltet. Ist der Verdampfer vollkommen abgetaut, so schaltet sich der Kompressor automatisch wieder ein. Ein weiteres Modell von Frigidaire mit gekapseltem Kompressor wird weiter unten beschrieben. Der „Frigomatic"-Kühlschrank von Brown Boveri (Vertriebsgesellschaft „Kühlautomat G. m. b. H. Mannheim") wird in drei verschiedenen Größen für den Haushalt gebaut. Abb. 38 zeigt das Aggregat. Außerdem stehen verschiedene Größen für gewerbliche Zwecke zur Verfügung. Die

Abb. 38. Kühlaggregat des Frigomatic-Kühlschrankes.

Kompressoren sind Ein- oder Zweizylinderkompressoren. Als Verdampfer werden trockene und überflutete verwendet. Andere Ausführungen der gleichen Firma mit gekapseltem Aggregat werden später besprochen.

Die „Multifrigor"-Kältemaschine wird von Linde, Abt. Sürth gebaut. Ein offener Kolbenkompressor mit hin- und hergehendem Kolben und ein bis zwei Zylindern wird durch einen Gummikeilriemen angetrieben. Die Drehzahl beträgt 350—480 pro Minute. Der Kompressor hat eine Schleuderschmierung; als Kältemittel wird Chlormethyl verwendet. Die Verdampfer sind

Abb. 39. Kühlaggregat des Multifrigor-Kühlschrankes.

entweder trocken oder überflutet und entsprechend mit Expansionsventil oder Schwimmerventil ausgestattet. Abb. 39 zeigt das Kühlaggregat für einen Haushaltkühlschrank.

Der „Santo" junior-Kühlschrank wird von der AEG. geliefert. Abb. 40 zeigt ein Schema des Kühlaggregats, das oben auf dem Schrank liegt. Verwendet wird ein Rotationskompressor mit Schleifringstopfbuchse. Seine Drehzahl beträgt etwa 600. Das

### Einige spezielle Ausführungen von Kompressorkühlschränken. 63

Kompressorgehäuse ist zu drei Viertel mit Öl gefüllt. Als Kältemittel wird $SO_2$ verwendet. Der überflutete Verdampfer ist aus rostfreiem Stahl hergestellt. Die Druckreduzierung erfolgt durch

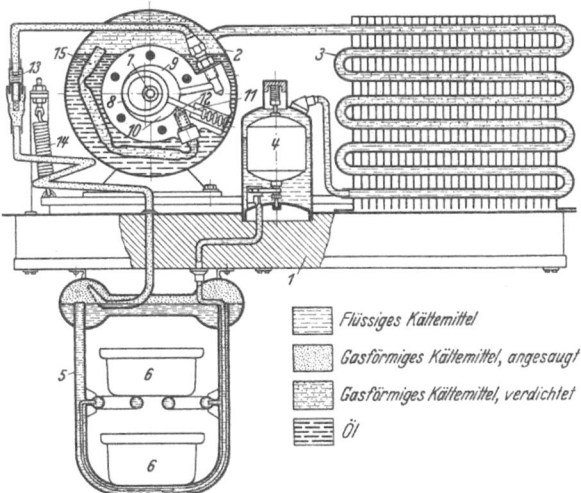

Abb. 40. Schema des Santo Kühlaggregates.

einen Hochdruckschwimmer, die Temperaturregelung durch einen Thermostat mit halbselbsttätiger Abtauvorrichtung. Der Schrank wird in einer Größe gebaut.

Der „Wahl"-Kühlschrank wird von der Fa. Robert Wahl, Balingen, hergestellt. Ein Kolbenkompressor, als Ein-, Zwei- oder Vierzylindermaschine ausgebildet, wird durch einen Kreilriemen angetrieben. Abb. 41 zeigt einen Schnitt eines Zweizylinderkompressors mit

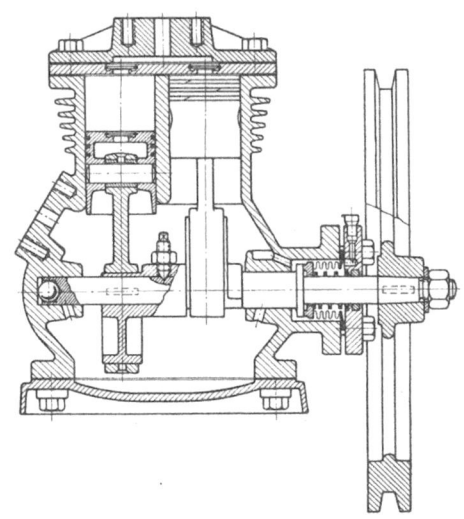

Abb. 41. Schnitt durch den Kompressor des Wahl-Kühlschrankes.

5*

64   Besondere Ausführungsformen von Kühlschränken.

Membranstopfbuchse. Als Kältemittel wird $SO_2$ oder Chlormethyl verwendet. Die Verdampfer werden für direkte Verdampfung als Naß- und Trockensysteme gebaut. Sechs Haushaltkühlschränke und eine Anzahl gewerblicher Modelle werden geliefert.

b) Ohne Stopfbüchse.

Alle oben beschriebenen Kühlaggregate sind, wie eingangs erwähnt, mit einer Stopfbüchse ausgerüstet. Im folgenden werden die Ausführungen beschrieben, die ohne Stopfbüchse arbeiten, bei

Abb. 42. Bitterpolar Kühlschrank.
*1* Tiefkühlfach, *2* Konservierungszone, *3* Normalkühlfach, *4* Gefrierfach.

denen also der Motor in das Kühlaggregat eingebaut ist. Diese geschlossenen oder gekapselten Maschinen haben den Vorteil, daß keine Undichtigkeit an der Kompressorwelle auftreten kann. Doch hat man hier unter Umständen den Übelstand, daß bei auftretenden Störungen die Maschine an Ort und Stelle kaum untersucht werden kann und fast immer zur Fabrik zur Reparatur zurückgeschickt werden muß. Außerdem erfordert die gekapselte Ma-

Einige spezielle Ausführungen von Kompressorkühlschränken. 65

schine in der Regel eine höhere Präzision in der Herstellung und wird dadurch teurer.

Es ist eine Eigenart aller gekapselten Maschinen, daß sie nur mit Wechselstrom-Kurzschlußankermotoren ausgerüstet werden können, weil man keinen Kollektor mit Kohlenbürsten in den Kältemitteldämpfen arbeiten lassen kann. Bei Anschluß an Gleichstrom muß infolgedessen ein besonderer rotierender Umformer aufgestellt werden.

Die Praxis hat vorläufig noch keine Entscheidung darüber getroffen, welche Art sich durchsetzen wird und auch bei den amerikanischen Firmen findet man noch einen häufigen Wechsel von der einen zur anderen Type.

Der „Bitterpolar"-Kühlschrank wird von der Gesellschaft gleichen Namens, in Kassel, vertrieben. Der Kompressor ist ein Einzylinder-Kolbenkompressor mit ca. 1430 Touren und direkter Kupplung mit dem Motor. Die Schmierung erfolgt durch eine besondere Ölpumpe innerhalb der Maschine. Das Kältemittel ist $SO_2$. Der Verdampfer ist ein Überflutungsverdampfer mit Schwimmerventil. Der Kondensator liegt entweder auf der Rückseite des Schrankes oder ist um den gekapselten Motor gewickelt. Im letzteren Fall

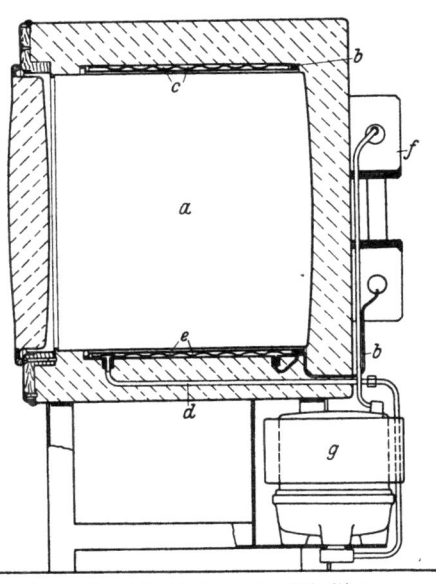

Abb. 43. Bosch-Kühlschrank im Schnitt von der Seite.

wird der Kondensator durch einen Ventilator gekühlt. Es werden vier verschiedene Größen für den Haushalt gebaut. Die Schränke sind durch eine oder mehrere Glasplatten in verschiedene Fächer unterteilt. Abb. 42 zeigt die Ansicht eines offenen Schrankes.

Der „Bosch"-Kühlschrank der Firma Robert Bosch A.-G., Stuttgart, hat einen Rotationskompressor, der bei etwa 1450 Touren direkt mit dem Motor gekuppelt ist. Als Kältemittel wird $SO_2$ verwendet. Das Öl zur Schmierung wird durch eine schraubenförmige Nut in der Achse heraufgepumpt. Damit der Kompressor beim Anlauf nicht den vollen Druckunterschied zwischen Ver-

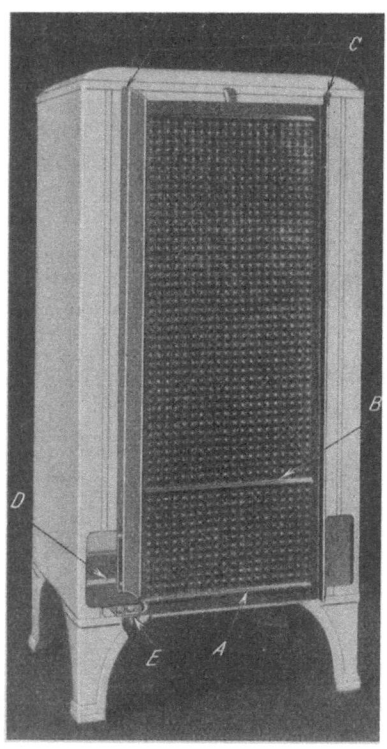

dampfer und Kondensator zu überwinden hat, ist ein Druckausgleich zwischen Saug- und Druckseite vorgesehen, der erst nach dem Anlauf der Maschine durch einen vom Öldruck angehobenen Steuerkolben unterbrochen wird. Als Reduzierventil wird im Gegensatz zu allen anderen Ausführungen ein mehrfach gewundenes Kapillarrohr benutzt. Der Schrank selbst, von dem nur eine Ausführung gebaut wird, ist als runde Trommel ausgebildet, wobei die Verdampferrohre um den inneren Emaillemantel herumgewickelt sind. Abb. 43 zeigt einen Schnitt durch den Schrank.

Die „Standard"-Serie der Frigidaire-Kühlschränke wird ebenfalls mit einem gekapselten Rotationskompressor ausgerüstet. Kompressor und Motor (mit der kleinen Leistung von $1/20$ PS) sind direkt ge-

Abb. 44. Frigidaire-Standard-Kühlschrank mit hinten liegendem Kondensator.

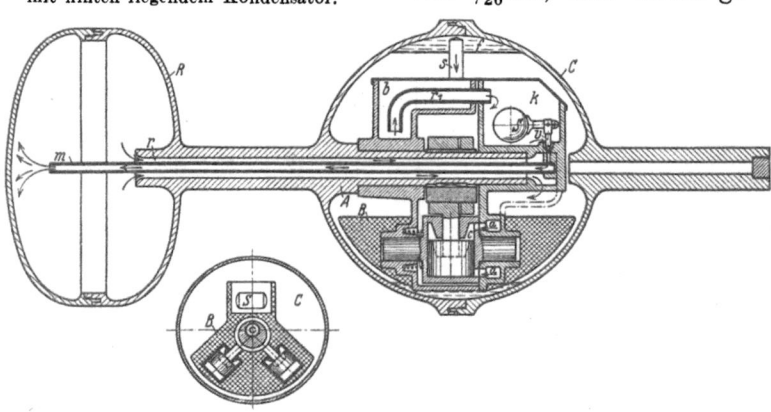

Abb. 45. Aggregat des Rot-Silber-Automaten.

### Einige spezielle Ausführungen von Kompressorkühlschränken. 67

kuppelt und haben eine senkrechte Welle. Als Kältemittel wird F 114 (Tetrafluordichloräthan) verwendet. Abweichend von sonstigen Bauarten ist der Kondensator, wie Abb. 44 zeigt, aus zwei Stahlplatten hergestellt, und senkrecht an der Hinterwand angeordnet.

Der „Rot-Silber-Automat" von Brown-Boveri ist eine der ältesten gekapselten Maschinen. Sie besteht aus zwei hermetisch verschlossenen Kugeln, die durch eine Hohlwelle starr miteinander verbunden sind (Abb. 45). Dieses ganze System wird von außen über eine Riemenscheibe von einem Motor angetrieben. In der einen Kugel sind Kompressor, Kondensator und Reduzierventil vereinigt, die andere Kugel bildet den Verdampfer. Der Zylinder des Kompressors ist besonders kräftig und schwer ausgeführt, dreht sich daher nicht mit, sondern pendelt nur etwas hin und her. Hierdurch wird der Kompressor betätigt, ohne daß er direkt angetrieben wird. Das komprimierte Kältemittel ($SO_2$) füllt die ganze Kugel aus und kondensiert an ihren Außenflächen.

Abb. 46. Aggregat des Sigma-Kühlschrankes.

Der „Sigma"-Kühlschrank von Brown Boveri arbeitet ebenfalls mit einem gekapselten Aggregat (Abb. 46). Der Kondensator ist rings um das ganze Gehäuse rosettenförmig herumgelegt und wird nur durch den natürlichen Luftzug gekühlt. Die Schmierung ist eine selbsttätige Druckschmierung.

Es sei an dieser Stelle noch einiges über den Stromverbrauch von Kompressorkühlschränken gesagt. Kälteleistung und Wirkungsgrad variieren je nachdem, ob die Maschine mit oder ohne Stopfbüchse arbeitet, ob Rotations- oder Kolbenkompressor verwendet wird, und ob die Regulierung durch ein Schwimmer- oder Expansionsventil erfolgt. Sie sind verschieden je nach der Temperaturdifferenz zwischen Verdampfer und Schrankinneren.

Von wesentlichem Einfluß auf den Stromverbrauch ist auch die Güte der Schrankisolation. Besonders ist aber der Einfluß der Außentemperatur zu berücksichtigen. Bei niedrigen Außentemperaturen ist die Leistungsziffer sehr hoch, dagegen fällt bei höheren Außentemperaturen die spezifische Kälteleistung stark ab. Da aber an heißen Tagen der Kältebedarf stark steigt, so steigt der Stromverbrauch wesentlich rascher an, als die Außentemperatur. Ebenfalls von großem Einfluß ist die Schranktemperatur, die meist an dem Temperaturregler verstellt werden kann. Einige Grade tiefere Schranktemperaturen bedingen unter Umständen einen wesentlichen Mehrverbrauch.

Alle diese Einflüsse können sich z.T. aufheben, unter Umständen aber auch addieren. Praktisch kann man sagen, daß der mittlere Stromverbrauch pro Tag (Mittelwert über den ganzen Sommer) bei den kleineren Haushaltschränken zwischen 1 bis 1½ kWh liegt. Da erfahrungsgemäß im Durchschnitt der Kühlschrank 6—8 Monate im Jahr in Betrieb ist, so kann man für Haushalt-Kompressor-Kühlschränke mit einem jährlichen Stromverbrauch von 200—300 kWh rechnen.

Es ist natürlich anzustreben, daß der Kühlschrank auch im Winter in Benutzung bleibt, weil die Küchen und Speisekammern, besonders bei Zentralheizung, nicht genügend kalt sind. Erfahrungsgemäß steigt auch die Betriebszeit der Kühlschränke mit fortschreitender Gewöhnung an seine Annehmlichkeiten.

## XVI. Einige spezielle Ausführungen von Absorptionskühlschränken.

Der „Siemens"-Kühlschrank, ein Fabrikat der Siemens-Schuckertwerke, Berlin-Siemensstadt, ist ein periodisch arbeitender Trockenabsorptionskühlschrank. Seine Wirkungsweise ist die gleiche wie auf S. 39 beschrieben.

Eine schematische Darstellung des Kühlaggregats zeigt Abb. 47. Im Kocher-Absorber $a$ ist ein Gemisch von Chlorcalcium und Ammoniak vorhanden. Gut wärmeleitende Zwischenwände sorgen dafür, daß die Wärme von dem Heizkörper $b$ innen gleichmäßig auf den ganzen Inhalt verteilt wird und daß während der Absorptionsperiode die Wärme über den Außenmantel mit seinen Kühlrippen an die umgebende Luft abgeführt werden kann.

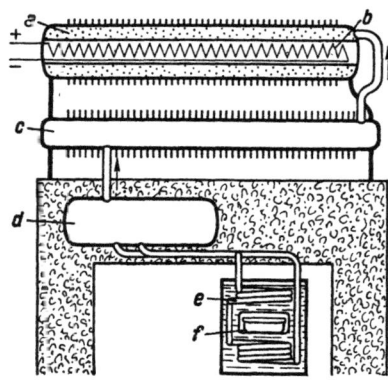

Abb. 47. Schema des Siemens-Kühlaggregates.

Das ganze Kühlsystem besteht aus einzelnen Stahlrohren, die alle miteinander verschweißt sind, so daß keine mechanische Abnutzung und Undichtigkeit vorkommen kann.

Einige spezielle Ausführungen von Absorptionskühlschränken. 69

Im Fabrikationsprozeß muß dafür Sorge getragen werden, daß die letzten Spuren von Wasser und Luft herausgetrieben sind. Auf diese Weise ist der Sauerstoff entfernt und Korrosionen können auch nach längerer Zeit nicht eintreten.

Die verschiedenen Größen werden mit drei Heiz- und Kühlperioden pro Tag betrieben. Die automatische Regelung erfolgt durch eine Schaltuhr, die automatisch stets 1½ Stunden Heizung mit 6½ Stunden Kühlung abwechselt.

Um die Kälteerzeugung den verschiedenen Außentemperaturen anzupassen, ist ein dreistufiger Regelschalter vorgesehen, der die Wattaufnahme der Heizpatrone zu verändern gestattet. An normalen und kühleren Tagen wird infolgedessen nicht mit der vollen Leistung gearbeitet.

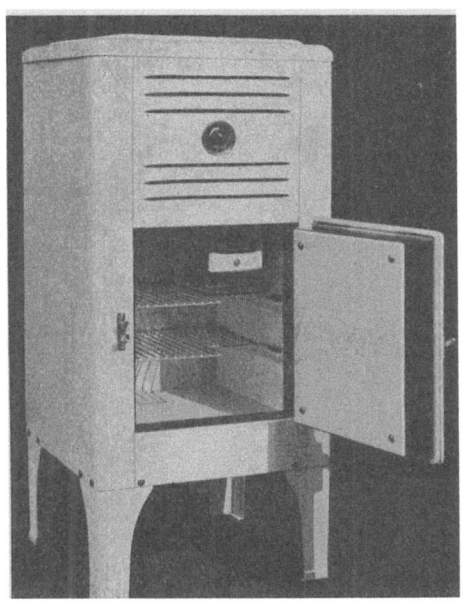

Abb. 48. 60 l Siemens-Kühlschrank.

Der Kältespeicher (Soleflüssigkeit um die Verdampferschlange $e$, Abb. 47) sorgt für den Temperaturausgleich innerhalb eines Tages. Er ist so bemessen, daß er mehr als eine halbe Tagesleistung aufspeichern kann. Bei plötzlich einsetzendem Kältebedarf tritt daher zu der laufenden Kühlleistung des Aggregates zusätzlich noch die aufgespeicherte

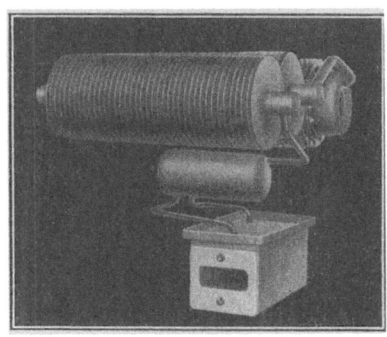

Abb. 49. Kühlaggregat des Frigorstat-Kühlschrankes.

Kälte hinzu. Umgekehrt dient in den Zeiten geringen Kältebedarfs der Solespeicher zum Auffangen der überschüssigen Kälteleistung. Auf diese Weise wird ohne besonderen Temperaturregler eine gleichmäßige Schranktemperatur mit Schwankungen von $\pm 1^0$ aufrecht erhalten.

Die Ausführung mit Luftkühlung bietet an sich schon genügend Sicherheit gegen kürzere oder längere Überheizungen. Eine zusätzliche Sicherheit liegt darin, daß das trockene Absorptionsmittel

Abb. 50. 120 l Frigorstat-Kühlschrank.

nicht nachverdampfen kann. Bei zu langer Heizung würde sehr bald der letzte Rest von Ammoniak ausgetrieben sein, und der Druck wieder absinken.

Der „Siemens"-Kühlschrank wird in vier verschiedenen Größen von 60—200 l gebaut. Abb. 48 zeigt die Ansicht eines 60-l-Schrankes.

Der „Frigorstat"-Kühlschrank der Fa. Linde, Zweigniederlassung Walb & Co., Mainz-Kostheim ist ebenfalls ein Trocken-Absorptionskühlschrank mit Chlorcalcium-Ammoniak. Abb. 49 zeigt die Ansicht des Kühlaggregates. Er wird ebenfalls mit Schaltuhr- und Dreistufenschalter geregelt. Das Zwischengefäß ist besonders isoliert (in der Abb. 49 ist die Isolation fortgelassen). Das

### Einige spezielle Ausführungen von Absorptionskühlschränken.

gesamte Aggregat wird von oben her in den Schrank eingesetzt. Luft zur Kühlung von Absorber und Kondensator tritt sowohl von hinten als auch von vorne ein und steigt dann nach oben. Abb. 50 zeigt einen 120-l-,,Frigorstat"-Kühlschrank, der in vier verschiedenen Größen gebaut wird.

Der ,,Elektrolux"-Kühlschrank der Fa. Elektrolux A.-G. in Berlin-Tempelhof arbeitet kontinuierlich mit Wasser-Ammoniak und Wasserstoff als neutralem Gas, wie auf S. 42 beschrieben. Die Beheizung erfolgt im allgemeinen elektrisch, kann aber auch mit Gas oder Petroleum betrieben werden.

Die Regelung geschieht meist durch einen Dreistufenschalter, kann aber auch mit einem Thermostat vorgenommen werden. Die ganze Apparatur besteht aus einem hermetisch in sich verschweißten Stahlrohrsystem; Verschleiß und Undichtigkeiten können infolgedessen nicht auftreten. Die neuen Ausführungen arbeiten mit Luftkühlung, das heißt, Kondensator und Absorber sind mit Kühlrippen versehen, die die Wärme an die Luft abführen. Der Anschluß an die Wasserleitung und die dazugehörigen Sicherheitseinrichtungen fallen infolgedessen fort.

Abb. 51 zeigt den 43-l-Elektrolux-Kühlschrank. Das Aggregat liegt hinter dem Schrank.

Es ist bereits in Kapitel V darauf hingewiesen worden, daß die Leistungsziffer bei Absorptionskühlschränken niedriger ist, als die Leistungsziffer der Kompressionskältemaschinen. Man kann im praktischen Betriebe annehmen, daß der Absorptionskühlschrank gleicher Größe etwa 2—3mal soviel Strom verbraucht, als der Kompressorschrank. Diese Verhältniszahl richtet sich vor allem nach der Güte der Schrankisolierung und nach der Güte des Kompressoraggregates.

Man rechnet, daß der mittlere Stromverbrauch pro Tag bei den Haushaltschränken zwischen $2\frac{1}{2}$ und 4 kWh liegt. Dabei bezieht sich der untere Wert auf einen 40—60-l-Schrank und der obere Wert auf einen 120-l-Schrank.

Der Jahresstromverbrauch der Absorptionskühlschränke liegt also zwischen 500 und 800 kWh, wenn man die gleichen Annahmen wie beim Kompressionsschrank zugrunde legt.

Es ist also kein Zweifel, daß der Absorptionskühlschrank vom Standpunkte des Elektrizitätswerkes aus ein sehr günstiger Stromverbraucher ist. Der Vorteil liegt aber nicht nur in der absoluten Höhe des Verbrauches, sondern auch in der Art der Belastung. Beim periodischen Absorptionsschrank kann das Elektrizitätswerk durch Plombieren der Schaltuhr die Stromverbrauchszeiten ganz nach seinem Ermessen festlegen. Es kann also die Belastung dahin verlegen, wo es ihm am günstigsten ist. Diesen Vorteil hat kein anderes elektrisches Gerät, evtl. noch teilweise der Heißwasserspeicher.

Es ist daher verständlich, daß das Elektrizitätswerk für den Absorptionsschrank einen günstigeren Tarif festlegt, als für den Kompressionsschrank. Damit entfallen aber für den Benutzer die Unterschiede in den Betriebskosten zwischen den beiden Systemen.

Abb. 51. 43 l Elektrolux-Kühlschrank.

Auch der kontinuierliche Absorptionsschrank ist vom Standpunkte des Elektrizitätswerkes aus günstig, weil sich sein gesamter Stromverbrauch gleichmäßig und ununterbrochen auf 24 Stunden verteilt, während der Kompressionsschrank hauptsächlich dann arbeitet, wenn er benutzt wird und wenn die Außentemperatur hoch liegt, also in den Nachmittags- und Abendstunden, während er in den Nachtstunden nur einen geringen Stromverbrauch hat.

Bei einem Vergleich der Wirtschaftlichkeit der beiden Kühlsysteme muß man außer den reinen Stromkosten noch die Beträge

Einige spezielle Ausführungen von Absorptionskühlschränken. 73

für Unterhaltung und Überwachung, sowie einen gewissen Amortisationsbetrag einsetzen. Ohne Zweifel sind diese Positionen beim Absorptionskühlschrank sehr klein, weil ihr Aggregat vollkommen ohne bewegte Teile arbeitet, also praktisch keiner Abnutzung unterliegt. Selbst bei Zugrundelegung des ungünstigen Falles, daß für beide Kühlsysteme gleiche Stromtarife zur Anwendung kommen, dürfte die Summe von Stromkosten, Unterhaltung und Amortisation bei beiden Kühlsystemen kaum verschieden sein. Es ist also noch eine durchaus offene Frage, welches System sich auf die Dauer durchsetzen wird. Beide Systeme haben ihre Berechtigung und ihre Vorteile. Es hat den Anschein, daß für die kleinen Haushaltkühlschränke das Absorptionssystem die größeren Zukunftsaussichten bietet, während bei den großen Schränken und den gewerblichen Anlagen das Kompressionssystem voraussichtlich den größeren Anteil stellen wird.

Es sei noch erwähnt, daß Absorptionskühlschränke mit jedem Heizmaterial, Elektrizität, Gas, Öl, betrieben werden können. Ihre Wirtschaftlichkeit richtet sich nach dem Preise der Brennstoffe. Bei Heizung mit Gas kann man damit rechnen, daß 1 m$^3$ Leuchtgas nach Abzug der unvermeidlichen Verluste etwa 2500—3000 kcal Wärme abgibt. Man braucht daher für einen kleineren Absorptionskühlschrank 0,8—1,5 m$^3$ Gas. Für Heizung mit Petroleum kann man damit rechnen, daß sich pro Liter 4—5000 kcal nutzbar verwerten lassen. Damit ergibt sich ein Verbrauch von 0,5—1 l pro Tag. Die Ölheizung wird hauptsächlich für überseeische Länder in Frage kommen, wo noch kein elektrischer Strom vorhanden ist.

# Literaturverzeichnis.

Göttsche-Pohlmann: Taschenbuch für Kältetechniker. Hamburg: Hanseatische Verlagsanstalt.

Grubenmann: IX-Tafeln feuchter Luft und ihr Gebrauch bei der Erwärmung, Abkühlung, Befeuchtung, Entfeuchtung von Luft, bei Wasserrückkühlung und beim Trocknen. Berlin: Julius Springer 1926.

Hirsch: Die Kältemaschine. Berlin: Julius Springer.

Linge: Über periodische Absorptionskältemaschinen; Beihefte zur Zeitschrift für die gesamte Kälteindustrie, Reihe 2, Heft 1. Berlin: Gesellschaft für Kältewesen.

Ostertag: Kälteprozesse. Dargestellt mit Hilfe der Entropietafel. Berlin: Julius Springer 1924.

Plank: Haushaltkältemaschinen. Berlin: Julius Springer 1934.

— Versuche über die Kaltlagerung von Obst und Gemüse; 2 Beihefte zur Zeitschrift für die gesamte Kälteindustrie.

Publications of the household refrigeration bureau of the National Association of ice industries, New York.

Rasmusson: Die Lebensmittel und ihre Aufbewahrung. Hannover: M. u. H. Schaper.

Reif: Kleinkühlanlagen für Gewerbe und Haus. Halle a. d. S.: Carl Marhold

Schüle: Leitfaden der technischen Wärmetechnik. 5. Aufl. Berlin: Julius Springer 1928.

Zeitschrift für die gesamte Kälteindustrie.

# Sachverzeichnis.

Absolute Feuchtigkeit 48.
Absoluter Nullpunkt 3.
Absolute Temperatur 3.
Absorptionskältemaschine 9.
Absorber 9.
Abtauvorrichtung 61.
Äther 8.
Aethylchlorid 6, 30.
Alkohol 12.
Ammoniak 6, 30.
Anlaufmoment 24.
Arme Lösung 10, 42.
Ate-Kühlschrank 59.
Atmosphäre 5.
Automatische Regelung 43.

Bakterien 54.
Bakterienwachstum 55.
Beschläge 52.
Bitterpolar-Kühlschrank 65.
Bosch-Kühlschrank 65.
Butterkühler 7.
Butterkühlung 58.

Celsius 2.
Chlorkalzium 37.
Chlormethyl 29.
Compoundmotor 25.

Dampfdruckkurve 6, 36.
Dichtung der Türen 52.
Difluordichlormethan 30.
Direkte Verdampfung 23.
DKW-Kühlschrank 59.
Drehmoment 24.
Drehstrommotor 25.
Dreiperioden-System 40.

Einperioden-System 40.
Einphaseninduktionsmotor 26.
Eis 11.
Eisfink-Kühlschrank 60.
Elektrolux-Kühlschrank 71.
Energieverbrauch von Absorptionsschränken 71.
Erster Hauptsatz 3.
Expansitkork 51.

Expansionsventil 21.
Explosionsfähigkeit 31.

Fahrenheit 2.
Fäulnis 54.
Feuchtigkeit 47.
Fischkühlung 58.
Fleischkühlung 55.
Fliehkraftkupplung 26.
Fliehkraftschalter 26.
Flüssigkeitsabscheider 34.
Frigidaire-Kühlschrank 61, 66.
Frigomatic-Kühlschrank 62.
Frigorstat-Kühlschrank 70.

Gasabscheidegefäß 34.
Gasumlauf 43.
Gekapselte Kältemaschinen 64.
Gemüsekühlung 57.
Geruchübertragung 58.
Giftigkeit 32.
Gleichstrommotor 25.

Halbautomatisch 36.
Hauptstromwicklung 25.
Hefepilze 54.
Heizperiode 11.

Indirekte Verdampfung 23.
Isobutan 30.
Isolation 50.
Isolationsstärke 50.

Kältemischungen 12.
Kältemittel 29.
Kalorie 1.
Kapok 51.
Kilowatt 3.
Kilowattstunde 4.
Kocher 10.
Kohlensäure 6.
Kohlensäureeis 11.
Kolbenkompressor 17.
Kompressionskältemaschine 8.
Kompressor 8, 17.
Kondensationswärme 9.
Kondensator 8, 19.
Kondensatormotor 27.

Kontinuierliche Absorptionsmaschine 9.
Konvektion 16.
Korkschrot 51.
Kühlperiode 11.
Kühlwasser 8, 20.

Lebensmittellagerung 53.
Leistungsziffer 13, 14.
Leitfähigkeit 15.
Luftfeuchtigkeit 47.
Luftkühlung 20.
Luftumlauf 53.

Mechanisches Wärmeäquivalent 4.
Membranreduzierventil 21.
Membranstopfbüchse 19.
Methylchlorid 6, 30.
Milchkühlung 56.
Multifrigor-Kühlschrank 62.

Nahrungsmittelkühlung 47.
Nebenschlußmotor 25.
Neutrales Gas 41.
Nutzkälteleistung 50.

Oberfläche des Kühlschrankes 50.
Obstkühlung 58.
Ölabscheider 18.
Ölpumpe 18.

Pasteurisieren 57.
Periodische Absorptionsmaschine 10.
Pferdestärke 3.
Pressostat 44.
Pumpe 10.

Raumthermostat 43.
Réaumur 2.
Reduzierventil 8, 20.
Reiche Lösung 42.
Relative Feuchtigkeit 47.
Repulsionsmotor 28.
Rotationskompressor 17.
Rot-Silber-Kühlautomat 67.
Rückschlagventil 23.

Santo-Kühlschrank 62.
Saugleitung 23.
Schimmel 54.
Schmieröl 18, 33.
Schmierung 18.
Schrankbau 50.
Schwefeldioxyd 6, 30.

Schwimmerventil 21.
Sicherheitsvorrichtung 20, 31.
Siedekurve 6.
Siedepunkt 6.
Siedetemperatur 6.
Siemens-Kühlschrank 68.
Sigma-Kühlschrank 67.
Sole 23.
Solethermostat 44.
Spezifische Wärme 1.
Stopfbüchse 18.
Strahlung 14.
Stromverbrauch 67, 71.

Taupunkt 48.
Temperatur 2.
Temperaturverteilung im Schrank 17, 53.
Temperaturwechsler 42.
Tetrafluordichloräthan 30.
Thermischer Kompressor 10.
Thermischer Wirkungsgrad 13.
Thermodynamik 3.
Thermostat 43.
Trockenabsorptionskältemaschinen 39.
Trockener Verdampfer 22.
Türdichtung 52.

Überfluteter Verdampfer 22.
Universalmotor 24.

Vakuumschalter 46.
Ventilator 19.
Verdampfer 8, 22.
Verdampferthermostat 43.
Verdampfung 5.
Verdampfungswärme 5, 30.
Verderben der Lebensmittel 54.
Verdunsten 7.
Verschleißprozeß 11.

Wahl-Kühlschrank 63.
Wärmeenergie 1.
Wärmeleitfähigkeit 15.
Wärmeübergang 16.
Wärmeübertragung 14.
Wasserstrahlpumpe 12.
Wendepol 25.
Wechselstrommotor 25.
Wirtschaftlichkeit 72.

Zweiter Hauptsatz 12.
Zwischenbehälter 39.

---

Druck von Julius Beltz in Langensalza.

MIX
Papier aus verantwortungsvollen Quellen
Paper from responsible sources
**FSC® C105338**

If you have any concerns about our products,
you can contact us on
**ProductSafety@springernature.com**

In case Publisher is established outside the EU,
the EU authorized representative is:
**Springer Nature Customer Service Center GmbH
Europaplatz 3, 69115 Heidelberg, Germany**

Printed by Libri Plureos GmbH
in Hamburg, Germany